U0076981

人人伽利略系列09

單位與定律

完整探討生活周遭的單位與定律！

人 人 出 版

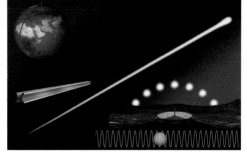

人人伽利略系列09

單位與定律
完整探討生活周遭的單位與定律！

序言

協助 日本國立研究開發法人 產業技術總合研究所
（藤井賢一／倉本直樹／金子晉久／山田善郎／中野 享）

序言

協助　日本國立研究開發法人　產業技術總合研究所

拜「單位」之賜，我們才得以量測、記錄物體的「重量」及「長度」等等。但若單位的定義不明確，就無法正確知道物體的「重量」及「長度」。目前，國際間已經由國際度量衡大會制訂了 7 個「基本單位」，作為世界共通使用的單位，而其中有 4 個基本單位的定義在 2019 年 5 月做了最新的修訂。現在，我們就來詳細解說這些基本單位的新定義吧！

單位的新定義

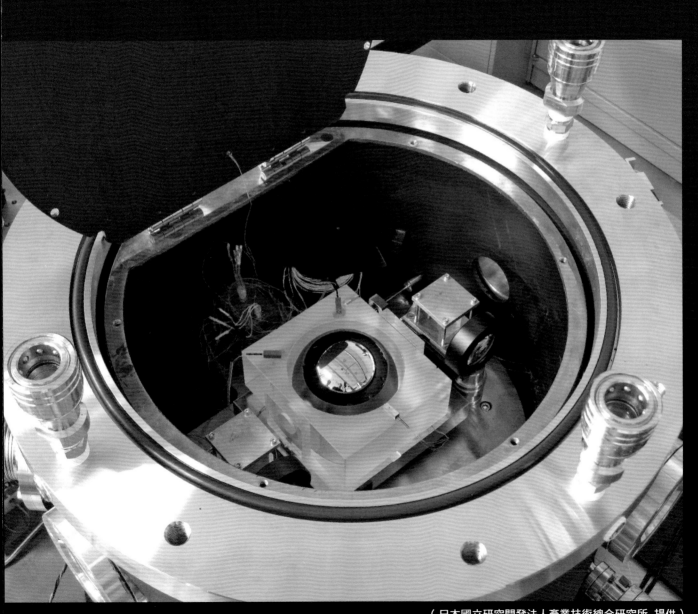

（日本國立研究開發法人產業技術總合研究所 提供）

公斤等4個基本單位的定義改變了！

「公斤原器」退休的日子

如果不同國家或地區所使用的長度、質量、時間等物理量的單位各不相同，將會造成社會生活的種種不便與困擾。因此，目前世界各地紛紛採用稱為「國際單位制」（SI）的全球共通的單位。SI共有7個「基本單位」，但是其中的公斤（kg）、莫耳（mol）、安培（A）、克耳文（K）這4個基本單位，則在2018年11月16日的第26屆國際度量衡大會中通過了新定義的提案，並於2019年5月20日的世界計量日（World Metrology Day）生效實施新定義。原本的定義是什麼呢？為什麼必須修訂？而修訂之後的新定義又是什麼呢？且讓我們來一探究竟。

協助：日本國立研究開發法人 產業技術總合研究所
　　　（藤井賢一／倉本直樹／金子晉久／山田善郎／中野享）

由於有公尺、公斤等全球共通的計量單位存在，我們才能每天過著沒有障礙的日常社會生活。現在，全世界有大約50個國家參加國際度量衡大會（CGPM，法文：Conférence Générale des Poids et Mesures），並且依據大會的決議，制訂或修訂「國際單位制」（International System of units，SI）的種種單位的定義。

國際度量衡大會制訂的SI基本單位有7個：時間的秒（s）、長度的公尺（m）、質量的公斤（kg）、物質量的莫耳（mol）、電流的安培（A）、熱力學溫度的克耳文（K）、光度的燭光（cd）。在2011年舉行的第24屆CGPM中，擬訂了未來要把其中的公斤、莫耳、安培、克耳文這4個單位的定義方法做變更的方針。在這項決議的8年後的2019年5月20日，新的定義終於生效實施。

單位的歷史

首先，簡單地回顧一下單位的歷史吧！

最初想要把單位統一起來而使其能夠普遍通用的嘗試，始於1789年法國革命的時期。當時，以科學家為中心完成了兩大創舉。第一個是用測定子午線（經線）的長度而制訂了長度的單位，第二個是用測定1公升蒸餾水的質量而制訂了質量的單位。

基於這些成果，法國於1799年開始推行「公制」（metric system，公尺制、米制）。接著在1875年，以歐洲為中心的17個國家簽署了「公制公約」（米制公約）。在1889年舉辦的第1屆CGPM中，決議採納公尺和公斤作為長度和質量的國際單位。當時，使用鉑銥合金製做「國際公尺原器」和「國際公斤原器」，以這些原器的長度和質量來定義公尺和公斤，並且將這些原器的複製品分送至各個國家作為國家標準器具。

國際公斤原器（左）和國際公尺原器（右）。

但是，國際公尺原器上鐫刻刻度的線條有 8 微米（1 微為100萬分之 1）的寬度，後來漸漸地無法符合時代的需求。而且，在保管維護上也相當麻煩。凡此種種，突顯了依賴人造物有其限度的問題。

因此，在1960年舉辦的第11屆CGPM中，決議採用不會改變的光之波長作為計量長度的標準，以取代國際公尺原器。在此同時，1 公尺長度的定義也隨之修訂，從「國際公尺原器上的刻線間的距離」重新定義為「氪原子發射的光之波長的165萬763.73倍」。

接著在1983年，真空中的光速 c 被定義為 c＝299792458m/s（公尺每秒），因此公尺的定義也隨之修訂為「光以2億9979萬2458分之 1 秒的時間，在真空中行進的距離」，一直沿用到現在。這個重新定義是依據愛因斯坦的相對論所提出的「光在真空中行進的速率絕對不會改變」。

藉由這個契機，科學界開始醞釀把普遍的物理量「基本物理常數」[※1]做嚴謹的定義（以上面

SI 的新定義所採用的值

基本物理常數	數值
普朗克常數 h	6.626 070 15×10^{-34} J s
基本電荷量 e	1.602 176 634×10^{-19} C
波茲曼常數 k	1.380 649×10^{-23} J K^{-1}
亞佛加厥常數 N_A	6.022 140 76×10^{23} mol^{-1}

的例子來說，光速 c 就是一個基本物理常數），以便把SI重新定義的思考。基於這個想法，在2011年舉辦的第24屆CGPM中，擬訂了要把公斤、莫耳、安培、克耳文重新定義的方針。這個方針的細節將在後文再做解說，原則上是對普朗克常數 h、亞佛加厥常數 N_A、基本電荷 e、波茲曼常數 k 等基本物理常數的值作嚴密的測定，再把這些值分別運用於公斤、莫耳、安培、克耳文這 4 個基本單位的重新定義。

在對這 4 個基本物理常數進行了嚴密的測定之後，科學技術數據委員會（Committee on Data for Science and Technology，CODATA）於

※1：基本物理常數是指在物理學定律中出現，而具有普遍性的值的常數。真空中的光速 c、普朗克常數 h、基本電荷量 e、波茲曼常數 k、
　　重力常數 G 等等皆是。

2017年10月發布了運用於SI的重新定義的值（前頁的表）。在2018年舉辦的第26屆CGPM中，通過了依據這些值重新定義的提案，並於2019年5月20日正式生效實施。

公斤的歷史

那麼，首先，我們來看看公斤吧！公斤的定義，從1889年以來的大約130年期間，全世界都一直使用唯一的國際公斤原器。現在，國際公斤原器的本尊由巴黎郊外的國際度量衡局在做嚴密的管理，而各個國家的國際公斤原器的複製品則由各國自行保管，大約每隔30年就要送回國際度量衡局進行一次校正。

但是，根據100年間以國際公斤原器之質量為基準所測定的各國的國家公斤原器之質量的記錄結果，發現在這100年間產生了大約50微克的變動。根據這個情況，判斷「現在依賴人造物所做的定義，它的相對穩定性是以5×10^{-8}（1億分之5）程度為極限」。因此，在進入2000年代之後，啟動了把基本物理常數做嚴密的定義，再以

此為基準把公斤重新定義的計畫。

當初，在為公斤的重新定義選擇基本物理常數時，第一個被考慮到的是亞佛加厥常數N_A，其次是普朗克常數h。前者是嚴密計算亞佛加厥常數，依據1個原子的質量來定義公斤。後者是依據愛因斯坦的狹義相對論和光量子假說，從光子的能量和質量的關聯性來定義公斤。話雖如此，但其實這兩個基本物理常數之間具有嚴密的關係（參照左下方）。也就是說，不論採用哪一個基本物理常數，都可以毫無差異地定義公斤。

亞佛加厥常數的測定

首先，我們來看看，考慮利用亞佛加厥常數N_A來定義公斤的第一個方法。

現在，我們是把（^{12}C）的1莫耳（＝$6.022\cdots\cdots\times10^{23}$個的原子）的質量定義為0.012公斤。這個$6.022\cdots\cdots10^{23}$就是亞佛加厥常數$N_A$。其他元素的原子的質量，都是以這個$^{12}C$為基準的相對值。而且，由於亞佛加厥常數$N_A = 6.022\cdots\cdots\times10^{23}$ mol^{-1}，因此可以定義

亞佛加厥常數N_A和普朗克常數h的關係

基本物理常數間的關係式　$m_e = 2hR_\infty / (\alpha^2 c)$

$$N_A = \frac{M_e}{m_e} = \frac{cM_e\alpha^2}{2R_\infty h}$$

M_e …… 1莫耳電子的質量

m_e …… 1個電子的質量

c …… 真空中的光速

α …… 精細結構常數

R_∞ …… 芮得柏常數

$cM_e\alpha^2/(2R_\infty)$的相對誤差：4.5×10^{-10}

以^{28}Si單晶體製造的1公斤矽晶球。
（日本國立研究開發法人產業技術總合研究所　提供）

「1公斤等於處於最穩定狀態（基態）的靜止的5.018……×10^{25}個自由碳原子^{12}C的質量」。5.018……×10^{25}這個數值是把亞佛加厥常數N_A的數值部分乘上$\frac{1000}{12}$倍（亦即除以0.012，換算成1公斤）的結果。因此，必須以高精度測定亞佛加厥常數N_A的數值之中尚未確定的部分，把它定義為1個值，以便能夠使用亞佛加厥常數N_A來重新定義公斤。

而在這測定過程當中，負責整備與管理日本的SI之國家標準的產業技術總合研究所（以下簡稱產總研）計量標準總合中心，長久以來一直在參與的項目，就是利用「X射線結晶密度法」進行亞佛加厥常數N_A的測定。

X射線結晶密度法是目前能以最高精度測定亞佛加厥常數N_A的方法。這種測定法使用矽（Si）元素的單晶體（全體成為一個晶體的），因為矽這種元素可以得到純度最高且完整性也最佳的單晶體，所以也被廣泛採用作為半導體的材料。

假設矽晶體的晶格常數為a，密度為ρ，莫耳質量（1莫耳物質的質量）為M，而矽晶體的單位晶格含有8個矽原子，因此，可以利用亞佛加厥常數$N_A = 8M/\rho a^3$來求得。晶格常數a能夠使用「X射線繞射儀」進行高精度的測定，密度ρ則可以先測量由矽單晶體製造的球體的質量和體積，再依此測量結果作高精度的測定。

但是，在2003年之前，測定作業都是採用自然界的矽，而這項因素卻成為欲高精度測定莫耳質量M時的一大障礙。因為自然界的矽有^{28}Si、^{29}Si、^{30}Si共3種同位素（原子核的質子數相同但中子數不同的元素）存在。

後來終於明白，若要大幅提升莫耳質量M的測定精度，就必須測定由單獨一種同位素製造的矽晶體結晶的莫耳質量。因此，在2004年啟動一項「亞佛加厥國際計畫」，只採用3種同位素之中自然界存量最多的^{28}Si來製造矽單晶體，再依此測定亞佛加厥常數N_A的產總研也參與這項計畫，扮演重要的角色。各國的研究所同心協力，製造出把^{28}Si的比例提高到99.99％的5公斤單晶體。進一步從這5公斤的^{28}Si單晶體製造

以次奈米的精度測定矽晶球直徑的雷射干涉儀。
（日本國立研究開發法人產業技術總合研究所 提供）

出2個1公斤的球體（前頁下方的照片）。

日本的產總研使用雷射繞射儀，以相當於原子間隔的0.6奈米（奈為10億分之1）的精度，從大約2000個方向，測定這個研磨到幾近正圓形狀的1公斤球體的直徑，得出了它的體積。接著，測定這個球體的質量，從而得到球體的密度ρ。此外，並在亞佛加厥國際計畫參與機構的協助之下，以高精度求得晶格常數a和莫耳質量M，使亞佛加厥常數N_A的精度創下2.0×10^{-8}的記錄。這個結果超越了國際公斤原器的質量穩定性的5×10^{-8}，使得亞佛加厥常數N_A能夠作為重新定義公斤的基準。

普朗克常數的測定

另一方面，普朗克常數h的高精度測定也在同步進行。這項作業是以愛因斯坦的狹義相對論和光量子假說為基礎。根據狹義相對論，愛因斯坦提出了能量E可記為$E = mc^2$，m為物體的靜止質量，c為真空中的光速。因此，$E = mc^2$顯示了能量和質量是等效的。而且，愛因斯坦也發現了1個光子（光的粒子）具有的能量E可記為$E = h\nu$，h為普朗克常數，ν為光的頻率（ν是小寫的希臘字母nu）。

由上可知，$E = mc^2 = h\nu$。把這個式子變形一下，即成為$\nu = mc^2/h$。另一方面，誠如前文所介紹的，在1983年重新定義公尺的時候，已經把真空中的光速c定義為$c = 299\ 792\ 458$ m/s（公尺每秒），因此，把m設為1公斤，則可得到普朗克常數$h = 6.626 \cdots \cdots \times 10^{-34}$ J s。由此，可以得到以下的定義：「1公斤是與頻率為

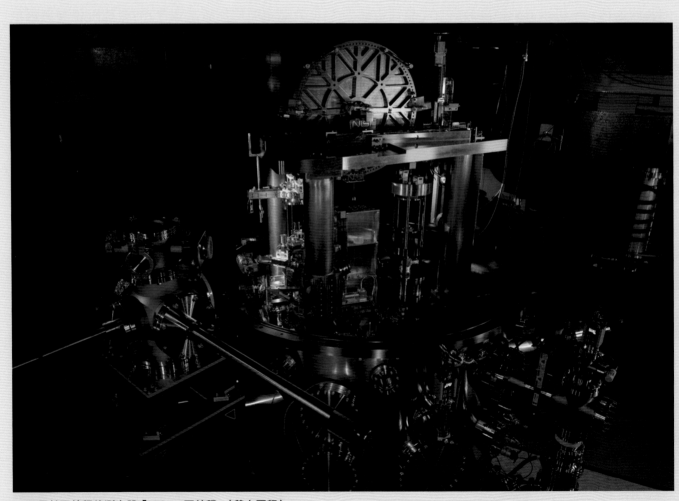

NIST用於瓦特秤的測定器「NIST-4瓦特秤」（基布爾秤）。

〔（299 792 458）^{2}／（6.626……×10^{-34}）〕赫茲（Hz）的光子能量等效的質量。」

而關於普朗克常數 h 的高精度測定，是以美國國家標準暨技術研究院（National Institute of Standards and Technology，NIST）為首，聯合英國、加拿大、法國的研究所，利用稱為「瓦特秤」（Watt balance，瓦特平衡法，瓦特天平法）的測定法來進行。

莫耳的歷史和新定義

另一方面，亞佛加厥常數 N_A 則被運用在莫耳的重新定義。莫耳是1971年才被定義的基本單位，是SI的7個基本單位之中最晚定義的一個。現在的定義是「含有與0.012公斤的碳-12之中存在的原子數相同數量的粒子集團的物質量」，和公斤之間具有密不可分的關聯性。此外，亞佛加厥常數 N_A 是表示1莫耳物質的原子數的常數，所以，莫耳和亞佛加厥常數 N_A 可以說是一體兩面。

莫耳這個單位的誕生，源自化學領域從事研究工作的方便性。例如，水分子（H_2O）是由2個氫原子（H）和1個氧原子（O）結合而成。像這樣，在化學反應的理解上，使用原子或分子的個數來表示，會比使用質量和體積更加便利。但是，在物質之中，所含的原子或分子的數量相當龐大，所以使用莫耳這個單位來表示某一個粒子集團的規模。此外，由於1個原子的質量只有10^{-23}公克的程度，非常微小，因此，便設定某種特定原子的質量為基準，其他原子的質量便以它們的相對比例來表示。這就是原子量（相對原子質量）。

先前，是採用碳-12（^{12}C）這種原子作為質量的基準，依據它來定義莫耳。但是，從2019年5月20日開始，把亞佛加厥常數 N_A 的定義修改為6.022 140 76×10^{23} mol^{-1}，因此現在是反過來，使用亞佛加厥常數 N_A 對莫耳做重新定義。由於這項重新定義，使得莫耳和公斤分道揚鑣，成為純粹依據原子和分子的個數下定義。

莫耳的重新定義所使用的亞佛加厥常數的值，就是配合第8頁式子導出普朗克常數時所用的值；而在重新定義公斤時，用到普朗克常數，也就用到了亞佛加厥常數。我們可以說：日本產總研推進的亞佛加厥國際計畫的成果，在公斤和莫耳這兩者的重新定義上都發揮了功用。

公斤和莫耳的重新定義，會使我們的生活發生什麼樣的變化呢？直截了當地說，目前並不會立刻造成我們的生活有任何的改變，但是，在未來，將可讓我們能夠測量以往無法測定的微小質量。藉此，可望對於藥品的研究、利用奈米科技的製物等方面有所貢獻。

安培的原定義

接著，來看看安培這個單位。先前，1安培的定義是「真空中，在2條以1公尺的間隔平行配置且具有無限小的圓形截面積以及無限長的直線狀導體內分別流動，並使這些導體1公尺長度的相互作用的力為2×10^{-7}牛頓（N）的恆定電流」。

以下就來淺顯地說明這個定義的意思。安培這的名稱源自法國物理學家安培（André-Marie Ampère，1775～1836）的名字。安培在1820年（法國推行公制的大約20年後），在平行配置的2條導線內通入電流，發現這2條導線會因電流的流動方向相同或相反，而互相吸引或排斥。於是他把這個實驗結果化為理論，發表了「安培定律」。

這個定律提出，在電流流通的導線周圍產生的磁場，其大小與電流的大小成正比，與從導線中心的距離成反比。把2條筆直的導線平行配置，然後在2條導線內分別通入相同方向的電流 I。這麼一來，在2條導線上所產生的同心圓狀磁場（磁通），會相對於對方的電流，產生使2條導線縮小間隔的力（引力）的作用。這個力的大小與 I^2 成正比。因此，如果假設導線和導線的間隔為1公尺，那麼只要測定導線1公尺長度的引力的大小，即可求得電流 I 的大小。相反地，這

也意味著，可以依據電流 I 的大小，計算出導線間的引力（或斥力）的大小。

因此，自安培定律發表之後，各國紛紛進行電流大小的測定。在1948年舉辦的第 9 屆CGPM中，把它定義為：當導線 1 公尺長度的作用力為 2×10^{-7} 牛頓（N）時，流通的電流 I 的大小為 1 安培。

安培的新定義

與此相對的，新的定義則是採用 1 個電子具有的電荷的大小（稱為「基本電荷」）來定義安培。所謂的電流，就是指電子的流動。電子是粒子，根據實驗結果估計，它的基本電荷大約是 1.602×10^{-19} 庫侖（C）。1 庫侖是指 1 安培電流 1 秒鐘所運送的電荷，若 I 安培的電流流通 t 秒鐘，則其所運送的電荷 Q 庫侖可記為 $Q = It$。相對於此，安培的新定義則是「先把基本電荷的值精確地定為 1.602 176 634 $\times 10^{-19}$ 庫侖，

安培（André-Marie Ampère，1775～1836）

再依此定義安培」。這個值，是收集世界各地的實驗結果，再依據普朗克常數 h 等數據，所計算出來的值。雖然以往存在著不確定性，但是在2017年10月，CODATA宣布把它作為修訂版SI中的定義值。

重新定義安培所使用的 2 種方法

日本的產總研和理化學研究所、NTT物性科學基礎研究所等機構合作，開發出精細的元件。利用這種精細元件，施行在接近絕對零度（0K）的極低溫環境下，操作 1 個 1 個的電子，以「1 秒鐘使多少個電子通過障礙」的形式，使其產生電流的實驗。用來實現這個實驗的精細元件稱為「單電子電晶體」（single electron transistor）。1 秒鐘傳送 f 個電子（電荷為基本電荷量 e）的電流可記為 $I = e \cdot f$。藉此，便可定義 1 安培的值。

但是，這個使用「單電子電晶體」的方法所能產生的電流畢竟太小了。若要依照新的定義，則 1 秒鐘 1 安培的電流所運送的電子數事實上達到 6.24×10^{18} 個左右，想要正確地一邊控制一邊運送並不容易。也就是說，在實用的範圍內，想利用這個方法去確定 1 安培的值，有其困難。因此採用另一種方法，在電阻方面利用「量子霍爾效應」，在電壓方面利用「約瑟夫森效應」（嚴格說是交流約瑟夫森效應），由於電流（I）、電阻（R）、電壓（V）之間依循歐姆定律 $V = IR$，所以可依此定義安培的值。電阻和電壓的值都能利用普朗克常數 h 和單位電荷量 e 加以確定。

在這裡，請回憶一下，普朗克常數 h 也是在重新定義公斤時所採用的基本物理常數。決定採用普朗克常數 h 來為公斤下定義的最大理由，正是因為透過普朗克常數 h 可以和安培等單位做整合的大優點。

所謂的量子霍爾效應，是指在極低溫環境下，對封閉在半導體等裡面的二維平面的電子群施加磁場時，所呈現的量子力學的現象。藉由這個量子霍爾效應，能夠利用普朗克常數 h 和單位電

荷量 e 正確地求得電阻的值。

而所謂的約瑟夫森效應，是指在 2 個超導體（在極低溫時，電阻降為零的物質）中，對隔著絕緣體或金屬薄膜的元件照射高頻率（通常在10GHz到90GHz之間）的電磁波，而使超導體之間流通電流時，會由於量子效應而使電壓數值出現階梯狀的現象。這個時候，能夠使用普朗克常數 h 和單位電荷量 e 而正確地求得階梯狀電壓的值。

把這 2 種量子效應組合起來，依據歐姆定律 $V = IR$ 來定義 1 安培的值，是目前不確定性最小的方法。事實上，量子霍爾效應和約瑟夫森效應的不確定性遠比 h 和 e 的不確定性小得多。根據2017年10月CODATA建議的值所修訂的SI，把普朗克常數 h 和單位電荷量 e 的精確值各定為 6.626 070 15×10⁻³⁴ J s和1.602 176 634×10⁻¹⁹ C。這麼一來，電阻、電壓、電流這 3 個與電有關的物理量，在 SI 當中就連繫在一起了。

依據水的三相點而定義的「克耳文」

最後，我們來看看克耳文吧！克耳文是以熱力學為基礎而定義之熱力學溫度的單位，在1967～1968年的第13屆CGPM中，決議把 1 克耳文定義為「在水的三相點時的熱力學溫度的1/273.16」。而 0 克耳文為溫度的下限，稱為絕對零度。

所謂的水的三相點，是指水蒸氣（氣相）、水（液相）、冰（固相）這 3 種相同時存在的唯一溫度。這個時候的溫度被定義為273.16克耳文（0.01℃）。在水的三相點，溫度和壓力都是固定的、唯一的值，所以適合作為溫度的基準。上方照片的「水的三相池」是為了實現水的三相點的溫度而使用的器具。

克耳文的歷史

那麼，在這裡稍微回顧一下與溫度的定義有關的歷史吧！關於第一支溫度計的出現，可謂眾說紛紜，但已知伽利略在1592年發明了「空氣

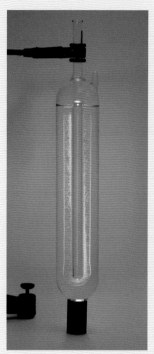

照片所示為水的三相池。這是一個玻璃製的透明容器，正中央有一個用來插入溫度計的溫度計插入孔。插入孔的周圍有注水的空間。利用沸騰等處理過程，除去水中雜質和空氣，而製造出高純度的水，取適量注入這個玻璃容器裡面。接著在出口完全封閉的狀態下，將它逐漸冷卻，則中央的溫度計插入孔被包圍在冰層裡面，而其周圍則充滿了水。而且，在其上部形成了充滿水蒸氣的空間。這個時候，水蒸氣和水和冰相接的界面的溫度，即為水的三相點的溫度。
（日本國立研究開發法人產業技術總合研究所 提供）

溫度計」，成為早期的溫度計之一。這種溫度計的原理，是容器內的空氣由於溫度變化而冷縮熱脹，推動容器內的水使其水面隨之上升或下降，因此可由水面位置的變化來觀察溫度的變化。容器上並沒有刻度。據說，到了17世紀，伽利略的一位義大利醫師朋友散克托留斯（Santorio Santorio，1561～1636）發明了加上刻度的「酒精溫度計」，把它運用在醫療上。這是利用酒精遇熱會膨脹的溫度計。

透過溫度的測定，也讓我們逐漸明白了氣體及液體的體積、壓力、溫度之間的關係，並且得知溫度有下限。由法國物理學家查理（Jacques Alexandre César Charles，1746～1823）和愛爾蘭物理學家波以耳（Robert Boyle，1627～1691）各自發現的定律合併而成的「合併氣體定律」（Boyle-Charles law）闡述了理想氣體的體積和壓力、溫度的關係。所謂的理想氣體，是假設在氣體分子之間沒有任何相互作用的虛擬氣體。設氣體的壓力為 P，體積為 V，熱力學溫度（絕對溫度）為 T，則「P 與 V 成反比，與 T 成正比」。進一步，設理想氣體的物質量為

n，氣體常數為 R，則這幾個物理量之間存在著 $PV = nRT$ 的關係。這個式子稱為「理想氣體的物態方程式」。氣體常數 R 是一個物理常數，$R = N_A k$（N_A 為亞佛加厥常數，k 為波茲曼常數）。2014年的CODATA訂定 $R = 8.3144598$（48）J K^{-1} mol^{-1}。（48）的部分表示其中含有不確定性。

1889年製造國際公尺原器的時候，為了抑制公尺原器受熱膨脹的影響，必須施行嚴密的溫度管理，因而需要高精度的溫度的標準器。為了這個需求，參與CGPM的國際機構制定了「標準溫度刻度（標準溫標）」。這是在使用水銀的溫度計上，以冰點為0，水的沸點為100，其間分割為100等分的刻度。

可是，冰點及水的沸點的溫度會受到壓力的影響，所以必須在1標準大氣壓（1013.25hPa）的基礎下實現。但是要做到這一點並不容易。1954年的第10屆CGPM採用壓力恆定的水的三相點為參考狀態，以這狀態與溫度下限（絕對零度）的溫度差，來定義溫度單位。1967～1968年的第13屆CGPM決議正式制訂這個定義。克耳文這個名稱是為了紀念英國物理學家克耳文爵士（William Thomson Kelvin，1824～1907），他在1848年導出熱力學溫度（絕對溫度）的概念，提倡絕對溫度刻度（絕對溫標）的必要性。

克耳文的重新定義

世界各國的國家標準機構設有水的三相池，以作為校正溫度計的依據。近年來，檢驗以各國三相池為基準測量溫度的結果時，發現測出的溫度值有明顯的偏差。相關機構發現：造成偏差的主要原因，在於沒有明確規定三相池的水之同位素組成。水分子由2個氫原子和1個氧原子構成，而氧和氫這兩者都擁有多種不同質量數（原子核內的質子數與中子數的總和）的同位素。三相點溫度會因為使用的水的同位素比例不一樣而有所變化。

因此，在2005年，對於定義克耳文的水的三相點所使用的水，追加了必須是「具有地球海洋的平均同位素的標準組成的水」的條件，企圖藉此使水的三相點的溫度更為精密。另一方面，玻璃池內的雜質也會影響三相點的溫度，但想要嚴密控管這些雜質並不是一件容易的事。而且根據長期的觀察得知，玻璃本身的成分也會溶入水中成為雜質，導致三相點的溫度產生變化。此外，關於水的同位素的組成，由於分析的精度也有其限度，所以無法完全忽略它的影響。因此，和公斤一樣，對於克耳文這個熱力學溫度的單位，必須依據具有普遍性的基本物理常數加以重新定義的要求，也越來越殷切。

因此，科學界開始考慮，使用波茲曼常數 k 這個基本物理常數來下定義。波茲曼常數 k 是能夠聯繫溫度和能量的常數，因為氣體分子的動能的平均值，與熱力學溫度具有正比的關係。設想有一種單原子的理想氣體，其氣體分子的質量為 m，速度絕對值的平方之平均為 $\overline{v^2}$，熱力學溫度

克耳文爵士（William Thomson Kelvin，1824～1907）。

為 T，則分子的平均運動能量可以用 $\frac{1}{2}m\overline{v^2} = \frac{3}{2}kT$ 這個式子來表示。

例如，依照這個式子來思考，則在水的三相點的溫度273.16克耳文時，測定氣體分子的平均速度，可藉此得到波茲曼常數 k 的值。在此之前，波茲曼常數 k 的值是根據實驗的測定結果，於2014年由CODATA將其制訂為1.380 648 52（79）×10^{-23} J K^{-1}，最後 2 個位數是具有無法確定的不確定性的值。而另一方面，在上述的式子中，如果把波茲曼常數 k 制訂為一個沒有不確定性的值，便可以根據實驗的測定結果，求得熱力學溫度 T。也就是說，可以使用波茲曼常數 k 的值，來定義熱力學溫度的單位：克耳文。

不過，實際上，直接測定氣體分子的平均運動能量並不容易。因此，科學家構思利用其他的熱力學物理現象來求得熱力學溫度的方法。例如，測定一定體積的氣體的壓力、氣體中的聲速、電阻體產生的熱雜訊、物體的輻射熱等等。事實上，制定以水的三相點溫度（273.16克耳文）為參考值之後，為了獲得高精度的熱力學溫度，以便得到波茲曼常數，科學家開發出「聲學氣體溫度計」（acoustic gas thermometry）、「熱雜音溫度計」、「介電常數氣體溫度計」等器具，在世界各國進行測定。

例如，聲學氣體溫度計是在金屬製球體內，裝入氬等純粹的單原子分子的氣體，利用聲音在其內部的共振現象，精密測定聲速，藉此測定熱力學溫度。這是目前測定熱力學溫度精度最高的方法，使得世界各國的測溫精度大幅提升。日本的產總研也在開發聲學氣體溫度計（上方照片）。此外，也在開發熱雜音溫度計，並且採用「集積型量子電壓雜音源」作為自有的獨特聲源。

於是CODATA依據這些測定的結果，在2017年10月建議把波茲曼常數 k 定義為1.38 064 9×10^{-23} J K^{-1}。

經過這樣的過程，採用基本物理常數把克耳文做了重新定義，使其能夠轉變成普遍性的定義。此外，依照傳統的定義，由於在水的三相點

產總研開發的聲學氣體溫度計。在金屬製球體內，裝入氬等純粹的氣體，利用聲音在其內部的共振現象，精密測定聲速，藉此測定熱力學溫度。（日本國立研究開發法人產業技術總合研究所提供）

的溫度施行測定具有不確定性，導致離唯一的參考點（水的三相點）比較遠的溫度，例如，超過1000℃的溫度範圍，精度就會下降，而成為一大問題。相對地，依照新的定義，則完全沒有這個不確定性，因而各界期望能以更高的精度測定熱力學溫度。

以上所述，是 4 個基本單位經重新定義的過程。雖然這些新的定義在2019年 5 月20日開始生效實施，但是對我們的生活並不會產生立即的影響。相反地，科學界是設法採取不致影響生活的形式，實施重新定義的作業。不過，例如公尺改為依據光速重新定義，使得我們能以精度更高的奈米單位來測定長度，從而促使奈米科技有了大幅的進展。由此可知，單位的重新定義極有可能促進嶄新的科學技術的誕生與發展。這次的單位重新定義將會帶來什麼樣的劃時代的科學技術呢？且讓我們拭目以待。　　　　　　◑

（執筆：山田久美）

1

基本單位

協助　和田純夫／尾藤洋一／平井亞紀子／洪鋒雷／池上健／小野輝男／藤井賢一／座間達也

在古早的年代，各個地域分別使用各自的單位。邁入18世紀之後，開始有了把單位統一起來的行動。時至今日，國際間制訂了長度的單位「公尺」、質量的單位「公斤」、時間的單位「秒」、電流的單位「安培」、溫度的單位「克耳文」、物質量的單位「莫耳」、光度的單位「燭光」共有７個全球共通的基本單位。在第１章，我們首先對這７個基本單位做詳細的介紹。

自然界的量以７個單位「記述」

長度（公尺：m）

質量（公斤：kg）

時間（秒：s）

電流（安培：A）

溫度（克耳文：K）

物質量（莫耳：mol）

光度（燭光：cd）

單位制度的歷史與SI詞首

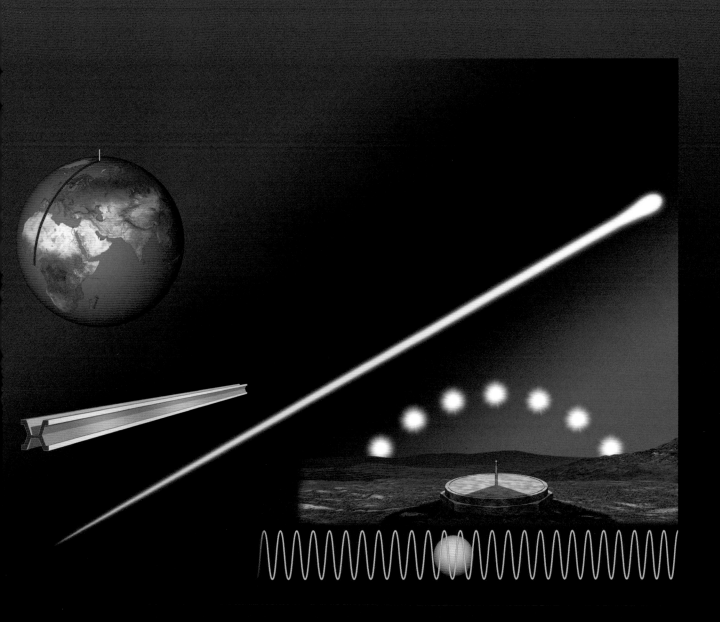

自然界的量以7個單位「記述」

1公尺、1公斤、1秒是依據什麼為基準而決定的？

「100公尺競走」、「1公斤的米」等，是我們的日常生活中，會在不同的場合使用各式各樣的單位。在數量眾多的單位之中，有些單位特別重要。例如，長度的單位之中，雖然也有「英里」、「尺」等單位，但全世界是以「公尺」作為基準的單位。而質量是以「公斤」、時間是以「秒」作為全世界的基準單位。另一方面，面積、速度、力等等各式各樣的單位，其實是由7個基本單位組合而成。讓我們來看看，這些單位是如何從自然現象或物理定律建立起來的過程吧！

執筆：和田純夫 日本東京大學原專任講師·日本成蹊大學兼任講師

「這根棒子的長度是1。」當有人告訴你這句話的時候，你會做什麼樣的理解呢？你應該不會認為棒子的長度是1公里，所以會想像成是1公尺吧！但，也有可能是1公分。而美國人或許會認為是1碼（1碼是大約90公分）。1這個數字本身相當明確，但用來描述長度則並不完整，必須加上公尺或公分之類的單位，才能成為意思清楚的量。

單位的種類極其繁多。以長度來說，就有公尺、碼、英尺等等，如果能有全球共通的，任何人都能理解運用的單位，那可就方便多了。於是法國在18世紀啟動了建立這樣單位的計畫。經過長年努力的結果，誕生了一般稱為「公制」的單位制（使物理量的單位之間，具有條理邏輯而制定的單位系統，稱為單位制）。

為了使這個單位制更加完備，目前每4年召開一次國際度量衡大會，在會議中進行各項討論。在大會中所建立的單位制特別稱為「SI單位制」（國際單位制）。以下將介紹單位一般的基本性質，同時解說國際單位制的內容及其基本概念。

單位原本的目的是什麼？

假設有2根棒子A和B。其中一根棒子比另一根棒子長多少呢？可把這2根棒子拿來擺在一起做比較，得知B棒的長度是A棒的2倍。也就是說，假設A棒的長度為1，則B棒的長度為2，我們就可以用長度的差異為1比2這樣的數值來表示。

但是，如果A棒在我們的手上，而B棒放在遙遠的某個地方，那就沒有辦法立刻做比較了。當然，我們也可以去把B棒拿來做比較，但如果B棒很長，搬運起來就麻煩了。因此，我們可以準備一根比較短而容易攜帶的C棒。這麼一來，只要設C棒的長度為1，就可以用來測量B棒的長度是多少了。假設測量的結果是10。

接著，把C棒帶回自己的地方，和自己手邊的A棒做比較，得知A棒的長度是C棒的5倍。由此可知，A棒和B棒的長度是5比10，也就是1比2。這就是說，A棒和B棒的長度是利用C棒間接地做了比較。

在這個比較的案例中，是以C棒的長度作為

種類	名稱	單位符號	2019年5月之前的定義
長度	公尺	m	公尺是指光在真空中，於1秒的2億9979萬2458分之1的時間內行進的距離。
質量	公斤	kg	公斤是一個質量單位，單位的大小與國際公斤原器（鉑銥合金製造的直徑及高度都是39毫米的圓柱）的質量相等。
時間	秒	s	秒是指對應於銫-133原子基態的2個超精細能階間躍遷所產生之電磁波的91億9263萬1770個週期所經歷的時間。
電流	安培	A	安培是指在真空中，以1公尺的間隔平行配置的2條具有無限小的圓形截面積，且無限長的直線狀導線內流通，使導線間每1公尺長度的相互作用的力為$2×10^{-7}$牛頓的恆定電流。
熱力學溫度	克耳文	K	克耳文是熱力學溫度的單位，等於水的三相點的熱力學溫度的273.16分之1。
物質量	莫耳	mol	1.莫耳是指擁有與0.012公斤的碳-12之中存在的原子數相等數量的元素粒子的系統的物質量。 2.使用莫耳時，必須是元素粒子，但不限定是原子、分子、離子、電子、其他粒子或這種粒子的特定集合體。
光度	燭光	cd	燭光是指發出頻率為$540×10^{12}$赫（Hz）的單色光，且在給定方向上的光強度為683分之1W/球面度（sr）的光源在該方向上的光度。

1795年，法國公布「公制」，自此開啟了全世界推展統一單位的行動。其後曾經提出了各式各樣的多種單位制，直到1971年，國際度量衡大會（制訂世界共通的單位制的國際會議）終於確立了上表所述的7個基本單位。不過，其中的公斤、安培、克耳文、莫耳後來又做了重新定義，於2019年5月生效實施。把這7個基本單位做各種組合，可制訂出各式各樣的單位，用來表示速度、力等等。這樣的單位稱為「導出單位」。

基準，所以把C棒稱為基準棒。如果要比較世界各地的棒子的長度，只要把這根基準棒運過去，比較它們的長度就行了。但是，每次測量長度都要把這根棒子運來運去的，未免太麻煩了。因此，不妨製造大量的基準棒複製品，分送到世界各地。或許有些人需要非常精密的複製品，但大多數人並不需要多麼精細的程度，只求便宜可用就行了吧！這就是擺在各位讀者的書桌上的那種直尺。

在此，我們把C棒的長度取個名稱吧！如果把這個長度取名為「花子」，那麼基準棒的長度就是1花子。A棒的長度為5花子，而這意味著A棒的長度是基準棒（C棒）的5倍。不必侷限於棒子，例如從家裡到學校的路程是幾花子，任何東西的長度都可以使用花子來表示。只要是知道花子這個單位的人，一聽到路程是1000花子，就會明白那是指多遠的距離。

國際間作為長度基準的「基準棒」是什麼？

在測量一個物體的時候，很重要的一點是，要明確地決定採用什麼作為基準，無論它的名稱是花子或公尺都無妨。以剛才所提的棒子的例子來說，用來作為長度的基準的基準棒，必須全世界的各個地方都有才行。

事實上，在20世紀中葉之前，有一個稱為「公尺原器」的基準棒放在法國的某個地方，受到嚴密的保管。國際間約定它的長度為1公尺。

但是，隨著科技的進步發展，科學界開始思考利用其他方法來訂定精度更高的基準，也就是利用以始終固定的長度發生的物理現象的方法。物理定律在全世界的每個角落都是一樣不變，如果確定某個物理現象在全世界任何地方都是以相同的長度發生，就可以依據它來制定長度的基準。不必特意跑去巴黎，把公尺原器搬出來做比較，無論在全世界的哪個地方，只要測定這個現象，就可製造出當地的「基準棒」。

依據這樣的想法，於是在20世紀中葉，曾經採用某個原子發出的光的波長（光波的「峰」到「峰」或「谷」到「谷」之間的長度）作為基準。但是，隨著科技的進展，基準也改變了，後來決定以「光在真空中於299792458分之1秒的時間內行進的距離」作為1公尺的定義。雖然採用了一個很微妙的數值，但這是為了避免與先前

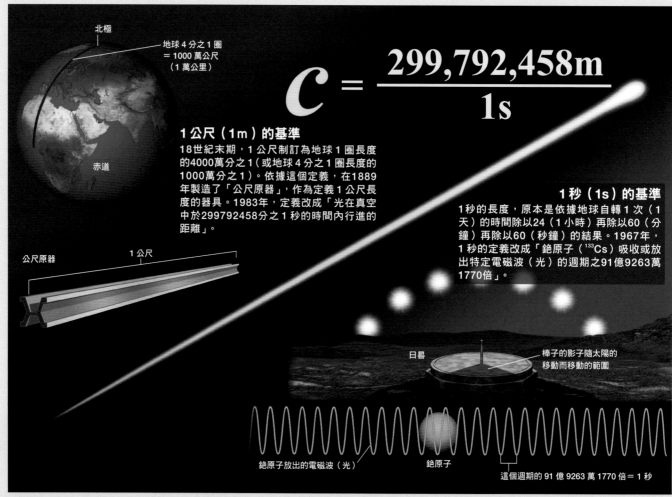

$$c = \frac{299,792,458m}{1s}$$

北極

地球4分之1圈
= 1000 萬公尺
（1萬公里）

赤道

1公尺（1m）的基準

18世紀末期，1公尺制訂為地球1圈長度的4000萬分之1（或地球4分之1圈長度的1000萬分之1）。依據這個定義，在1889年製造了「公尺原器」，作為定義1公尺長度的器具。1983年，定義改成「光在真空中於299792458分之1秒的時間內行進的距離」。

1秒（1s）的基準

1秒的長度，原本是依據地球自轉1次（1天）的時間除以24（1小時）再除以60（分鐘）再除以60（秒鐘）的結果。1967年，1秒的定義改成「銫原子（^{133}Cs）吸收或放出特定電磁波（光）的週期之91億9263萬1770倍」。

公尺原器　　1公尺

日晷　　棒子的影子隨太陽的移動而移動的範圍

銫原子放出的電磁波（光）　　銫原子

這個週期的 91 億 9263 萬 1770 倍 = 1 秒

本圖所示為長度的單位「1公尺」和時間的單位「1秒」的基準的變遷。1公尺的基準從依據地球上的距離製成的「公尺原器」轉變成自然界普遍的值——光速。1秒從依據地球的自轉運動為基準，轉變成以原子放出的光（電磁波）的週期為基準。隨著科學技術的進展，這2種單位都改以永恆不變的自然界現象作為基準。

依據公尺原器，或光之波長的傳統1公尺基準有所矛盾而做的決定。這個數值列出了9位數字，但若列出更多的小數並沒有意義，因為當初根據公尺原器所測定的長度，精度就只有到這個層次而已。

從地球這個巨大的「時鐘」到原子這種微小的「時鐘」

和長度同等重要的量，還有時間。這裡不是指時刻，而是指時間的間隔。對於時間，最初也有思考基準時鐘的問題，但並不是在巴黎或任何地方設置一個特別的時鐘，而是直接運用地球這個任何人都能進行觀察的巨大時鐘。

地球並沒有一般時鐘上的指針，而是地球本身就扮演著指針的角色。最初是依據地球朝向哪個方向，亦即自轉，來表示時間。嚴格來說，並不是依據實際的自轉速度，而是依據「平均」的自轉速度，來定義一天的長度，再把它除以24×60×60作為1秒的定義。

後來有一段期間，人們曾經改依地球的公轉來定義時間。目前，則改成依據原子發出的光波頻率（頻率是波的物理量，例如水面高度、聲音強度等，在1秒鐘內振動的次數）來表示時間，亦即改為採用微觀的物理現象來下定義。究竟要利用哪一種（微觀的）物理現象比較好呢？科學界一直在檢討這個問題，不斷地尋找可以得到最高精度的現象。在不久的將來，目前這個定義再度修訂的可能性很大，稱為「秒的重新定義」。

面積、速度等單位是由基本單位組合而成

這個世界上，除了長度和時間之外，還有各式各樣的量存在，必須對這些不同的量分別給予合適的單位才行。但是，如果所有的量都要創造一個全新的單位，這項作業非同小可，而且也沒有必要。我們可以利用各種定律，從已經建立的單位去創造出新的單位。這個時候所利用的定律，有幾何學上的定律，也有物理學上的定律。

要表示面積的時候，大家會怎麼做呢？以前各個地方都有自己獨特的面積單位，例如日本有町、反、坪等等，歐洲則有英畝、公畝等等。但是現在，在學校中學習的面積單位是平方公尺。平方就是 2 次方，平方公尺＝公尺的 2 次方，所以平方公尺的單位符號就可以記為m^2。也就是說，平方公尺與其說是一個全新的單位，倒不如說是一個由長度單位組合而成的單位，這種單位稱為「導出單位」。而相對地，把原來的公尺（m）稱為基本單位。順便說一下，秒（s）也是基本單位。

1 平方公尺的定義是每邊長 1 公尺的正方形的面積。長方形（包含正方形）的面積可以用

面積＝長×寬

這個式子來表示。把式子右邊的長和寬分別用 1m 代入，則數值為 $1 \times 1 = 1$，單位為$m \times m =$$m^2$。$1m^2$ 這個正確的面積可以「連同單位一起」來獲得。也就是說，平方公尺（m^2）這個單位是和長方形面積這個幾何學的公式前後一貫的單位。

相對地，有些地方採用一種與國際單位制不同的單位制，它的面積單位「1 英畝」是每邊長大約70碼（和英畝屬於同一個單位制的長度單位）的正方形的面積，和長度單位之間沒有單純的關係。日本古代的單位也是一樣。

體積的場合也是一樣的道理。

長方體的體積＝長×寬×高

由上可知，立方公尺（m^3）這個體積的單位是和這個公式前後一貫的單位。立方就是3次方的意思。

接著，來看看速度的單位吧！表示速度的公式如下：

速度＝移動距離÷花費的時間

移動距離是表示長度的量，所以它的基本單位是公尺。時間的基本單位是秒。所以從這個公式計算出來的速度的導出單位是公尺／秒，可以用符號記成m/s（／是分隔分數的分子和分母的符號，意思是公尺除以秒）。這個單位讀作公尺每秒，意思是「公尺除以秒」。速度還有其他的單位，例如「節」，這是把「海里」這個長度單位（1852m）除以 1 小時而得到的單位，和公尺及秒並沒有前後一貫。

單位的背後有物理定律

再來，我們來看看力學領域的單位吧！力學的基本公式是下面這個牛頓的運動方程式。

質量×加速度＝力

這個式子出現 3 個量。首先，所謂的加速度，是表示在既定的時間內，速度有多大程度的變化的量，可以用「速度的變化÷這個變化所花費的時間」來求得。速度變化的單位（和速度的單位相同）是m/s，把它除以時間（單位是s），所以加速度的單位是在國際單位制中前後一貫的m/s^2。這個單位讀作公尺每秒每秒，是把公尺除以秒 2 次而得的單位。

那麼，質量和力的單位又如何呢？我們可以先建立一個新的單位作為質量的單位，再把這個質量的單位和加速度的單位代入上面的式子中，依此制定力的單位。或者也可以反過來，先建立一個新的單位作為力的單位，再依此定義質量的單位。單位終歸是用約定的，只要合乎道理，任何定義方法都可以採用。

國際單位制顧及日常生活中的便利性，而且不要太複雜，所以採用前者的方法。具體的做法，就是採用公斤（kg）這個質量的單位，並且製

造出具有1kg質量的砝碼「公斤原器」以作為基準。這個砝碼保存在巴黎，必要時會拿出來，利用天平等器具製造複製的砝碼。把這些複製品分送到世界各國，讓全世界的任何地方都能夠測量質量。

規定了質量的單位之後，便可以順理成章地利用運動方程式求出力的單位。力的單位是質量的單位乘上加速度的單位，也就是$kg \cdot m/s^2$。這個單位讀作公斤·公尺每秒每秒，但這樣太麻煩，因此可以把它統稱為「牛頓」，符號為「N」。

以上是2018年之前，規定質量和力的單位的過程，它們不是像長度和時間之類依據物理現象而制定的單位。因此，科學界決定從2019年5月開始，改用普朗克常數（通常記為h）這個有單位的數。

所謂的普朗克常數，是在書寫量子力學的公式時會出現的數（在微觀狀態的振動數和能量的比例關係中出現的比例係數），和用於長度基準的光速一樣，是在全世界任何地方的任何狀況下都不會改變的恆定常數。普朗克常數的單位是$kg \cdot m^2/s$，如果採用（kg、m、s的）傳統的基準，則具有大約$6.62607015 \times 10^{-34}$的值。

這次的修訂，是反過來，把h的值嚴密地取為$6.62607015 \times 10^{-34}$，以便建立kg的基準。也就是說，現在的kg和以往的kg並沒有不同，但未來若公斤原器變質了，或測定精度提高了，則原器的質量將不再是精確的1kg。

主角從安培換成庫侖？

接著，我們來看看電磁領域的單位吧！這也是從2019年5月起開始實施新的定義。我們從以往制定相關單位的方法開始說明，以便了解安培這個單位的由來。問題的核心在於要如何建立電荷（帶有正電或負電的粒子所擁有的電荷的量）或電流的單位這一點上。電荷的流動即成為電流，所以只要其中規定了一方的單位，則另一方的單位也會隨之決定。由於電流比較容易控制，

所以國際單位制先利用下列的方法制訂了電流的基準。

並排流動的2道電流之間會產生力的相互作用。力的大小與這2道電流的大小的積成正比，與電流間的距離的平方成反比。這個定律可以用式子（大略）記成如下的形式。

每1公尺電流的作用力的大小

＝比例係數×電流大小的積÷距離的平方

和這個定律前後一貫的電流單位是什麼呢？力的大小的基準是已經規定好了。距離（亦即長度）的基準也已經定好了。但是比例係數的大小還沒有定出來。由實驗只是單純得知力與電流的大小的積成正比，如果改變電流大小的表示方法，比例係數也會跟著改變。

假設比例係數是單純的數，所以不具有單位的話，電流的單位就可以依據這個式子來決定了。電流的單位就會是由原本既有的單位（長度、時間、質量）組合而成。「暫且」把這樣所組合而成的單位稱為安培（A）吧！

SI單位制所規定的1安培，如第19頁的表格所示，是當電流間的距離為1公尺時，使每1公尺電流的作用力為2×10^{-7}牛頓的電流大小。把力的大小取2×10^{-7}牛頓，是為了使上面式子的比例係數的值成為2×10^{-7}而做的一項暗藏玄機的約定。若設右邊的電流和距離的值為1，則右邊全體的大小會是比例係數本身的值，所以比例係數會成為和左邊一樣的2×10^{-7}。國際度量衡大會把這個比例係數訂為這樣的值，是因為這麼一來，1安培的電流大小就會和日常生活中應用的電流大小程度相當。如果為了簡化式子而把比例係數訂為1之類的，則1安培的電流將變成非常巨大的電流，不便於日常生活的應用。

不過，安培這個單位究竟是基本單位呢？抑或是導出單位呢？答案或許出乎許多人的意料，由於比例係數的大小是科學家自行決定的約定值，所以把安培視為基本單位也好，視為導出單位也好，都是約定的結果，哪一種看法都可以。

SI單位制把安培視為基本單位，也就是把它設定為有別於m和kg等其他單位的獨立單位。但是，上式左邊的「每1公尺的力」這個量並沒有包含安培這個單位，所以如果把安培視為獨立的單位，那麼式子左右兩邊的單位就會不一樣，而變得很奇怪。因此，要把比例係數訂為不是$2×10^{-7}$這個單純的數，而是具有包含安培的複雜單位的量，才能使右邊整體的單位和左邊的單位相同（安培這個單位在右邊中互相抵消）。不過，也有其他單位制把比例係數視為不具單位的單純的數，這麼一來，安培就不會是獨立的單位，而是由m和kg和s組合成的導出單位。

在牛頓的運動方程式中，並沒有引入比例係數（亦即從一開始就把比例係數訂為1），而是把力的單位設定為導出單位。依照相同的概念，把安培設定為導出單位也是理所當然的事情。但SI單位制會考慮到實用上的問題，所以不做這樣的設定。如果要把安培設定為導出單位，固然可以視之為不致陷入基本教義的彈性思考，但是在物理領域中卻會使式子變得複雜而造成不便。

不過，這個安培的定義從2019年5月起又有了新的改變。依據安培而制定的電荷單位稱為庫侖，符號記成C（庫侖＝安培×秒，亦即1C＝1As）。例如，電子的電荷的測定值為大約$1.602176634×10^{-19}$C。於是，如同利用光速或普朗克常數來制定長度單位或質量單位的基準，科學界也決議改用電子的電荷來定義庫侖這個單位。也就是，把電子的電荷嚴密地定義為$1.602176634×10^{-19}$C，再依此規定1庫侖（及1安培）這個單位的大小。於是，前文所列的電流間的力的關係式中之比例係數不再是精確的$2×10^{-7}$。做這樣重新定義的理由，不只是因為電子電荷的測定精度已經提升了，也是因為這個量與其他種種微觀的物理量有關聯，所以，精確規定它的數值會比較方便。

溫度及物質量的基準也有所改變

在國際單位制中，被視為基本單位的，還有溫度、物質量和光度。首先談溫度。在2018年之前是將「水的三相點」（冰、水、水蒸氣共存的狀態）定為溫度單位的基準。溫度的單位稱為克耳文（K），水的三相點的溫度定義為273.16K。而絕對零度（自然界的最低溫度）則訂為0克耳文。於是，這2個溫度之差的273.16分之1就訂為1克耳文。把溫度差分割成若干分之1，是怎麼一回事呢？要說明這一點，必須談到熱力學這門學問，所以有點困難。總而言之，做這樣的定義之後，攝氏0℃就變成273.15K（水的三相點的溫度為攝氏0.01℃）。這個定義當中，會出現273.16這個奇妙的數字，是為了使1克耳文的溫度差和攝氏1℃的溫度差趨於一致的緣故。

這個定義方法和其他的量及單位完全無關。但是溫度會透過物理定律而與其他的量產生關聯。「合併氣體定律」就是一個典型的關聯，根據這個定律，氣體的體積和溫度成正比。

SI單位制首先對溫度訂定克耳文（K）這個基本單位，再對合併氣體定律的比例係數也訂定單位，藉此符合合併氣體定律的式子的邏輯（類似安培的場合）。溫度的基準是利用水的三相點而訂定，和這個定律沒有關係，所以比例係數的值，變成必須施行測定才能得知的曖昧不明的數（稱為氣體常數或波茲曼常數）。但是，重新定義的做法，是先以人為方式來訂定波茲曼常數的值，再依此設定溫度的基準。換句話說，克耳文的定義就和水的三相點沒有關係。

此外，把合併氣體定律用式子（理想氣體的物態方程式）來表示時，會出現物質量（單位是莫耳：mol）這個量。1莫耳的定義原本是「含有與12g碳（的同位素）中的原子數相等的粒子數的量」，但在重新定義後，把這個數（亞佛加厥數）嚴格定義為$6.02214076×10^{23}$，不再談到碳原子。在測定精度大幅提升之後，12g碳的原子數不再是精確的1莫耳了。　　　　🪐

1公尺是光在299,792,458分之1秒的時

「正確測量物體的長度」對於產業的發展是不可或缺的要件。人類長久以來一直持續不斷地在追求更正確的長度的基準（單位）。在古埃及，曾經以手肘到手指的長度作為長度的單位。還有許多國家及地區也是以人體的一部分作為長度的單位。但是這個基準依國家及地區而有所不同。

1790年代，法國發起了把全世界的長度的基準統一起來的行動，主張以「公尺」（m）作為長度的單位，並且以地球的子午線（經線）

的長度作為1公尺的基準，把1公尺定義為從北極到赤道的子午線長度的1000萬分之1。但是，當時要測量子午線有其難度，所以只做了一次測量。然後依據這個測量結果使用鉑金屬製造了公尺原器。後來在1889年的第1屆國際度量衡大會（決定世界共通的單位制的國際會議）中，決議使用鉑和銥的合金製造出「國際公尺原器」作為長度的基準，規定原器上2條刻度線之間的距離為1公尺。

但是，公尺原器會熱脹冷縮，長年累月下

從子午線、原器到光速，長度的基準不斷地做重大的改變。

人們最初使用「公尺」（m）這個單位時，是依據子午線的長度來決定1公尺。後來，則是在公尺原器這個人造物上鐫刻1公尺的長度。到了1983年，改採光速這個普遍的值作為長度的基準，國際間的定義是「光在299,792,458分之1秒的時間內行進的距離」。自2019年5月起，則是以「當真空中的光速c以m/s的單位來表示時，取其固定數值為299,792,458」來定義公尺。

以子午線的長度作為1公尺的基準
當時曾經沿子午線測量從法國敦克爾克到西班牙巴塞隆納的距離，再依此測量結果推算從北極到赤道的子午線的長度。1799年，把這個長度的1000萬分之1定義為1公尺。

子午線　　北極

赤道

間內行進的距離

來，長度已經失真。而且，刻度線本身具有寬度（粗細），在這個寬度以下的範圍，即無法作為正確的基準（從刻度線的左端、中央、右端的不同位置開始測量會得到不同的值）。

到了1960年，不再使用地球和原器之類的「物體」，而改以自然現象本身，作為長度的基準。當時是採用氪-86這種原子在一定條件下放出或吸收的特定光之波長（波峰到波峰的距離）作為長度的基準。但是因為氪原子會發生互相碰撞等情形，導致波長並不穩定。

因此，在1983年的第17屆國際度量衡大會中，決定以「光速」為基準來定義長度的單位。光速是自然界中最高的速度。利用雷射光以及原子鐘進行多次測定的結果，求出了真空中的光速（c）為秒速299,792,458公尺。

光速具有不受光的波長、光源的運動、光的行進方向等因素影響，即使經過再久的時間也不會改變的性質。因此，現在1公尺的定義是「光在真空中於299,792,458分之1秒的時間內行進的距離」。

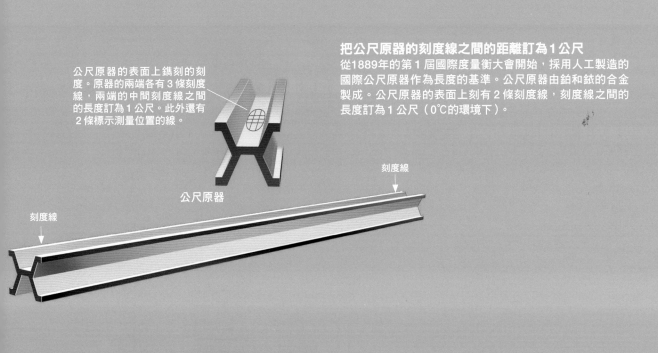

把公尺原器的刻度線之間的距離訂為1公尺
從1889年的第1屆國際度量衡大會開始，採用人工製造的國際公尺原器作為長度的基準。公尺原器由鉑和銥的合金製成。公尺原器的表面上刻有2條刻度線，刻度線之間的長度訂為1公尺（0℃的環境下）。

公尺原器的表面上鐫刻的刻度。原器的兩端各有3條刻度線，兩端的中間刻度線之間的長度訂為1公尺。此外還有2條標示測量位置的線。

公尺原器

刻度線

刻度線

光在299,792,458分之1秒的時間內行進的距離為1公尺
1983年以後，開始採用光速的值作為長度的基準。國際間把1公尺定義為：光在真空中於299,792,458分之1秒內行進的距離。也就是說，光速相當於在1秒鐘內行進地球直徑（約1萬3000公里）的大約23.5倍距離的速度（下圖）。以前是依據國際度量衡大會所定義的1公尺的長度來測量光速的值，而現在則反過來，把這個值定義為光速，再依據光速的值來決定1公尺。由於這個緣故，也不再需要重新測量光速了。

$C = 299,792,458m/s$

表示物體移動困難度的量

「重量1公斤的球」和「質量1公斤的球」。這兩句話說的是同一回事吧！其實，重量和質量的意思並不相同。

「質量」是表示物體移動困難度的量。單位是公斤（kg）。例如，自行車的車籃裡載著貨物要行駛時，載著5公斤貨物的自行車會比載著1公斤貨物的自行車更難踩動（移動困難）。這裡所說的移動困難，正確的說法應該是物體的加速困難。

2018年之前，國際間依據稱為「公斤原器」的砝碼的質量來定義質量的1公斤。公斤原器是由鉑和銥的合金製成的砝碼。利用這個砝碼和天平，可以測量物體的質量。而在2019年5月之後，公斤有了新的定義（請參考序言）。

另一方面，所謂的「重量」，則是指地球施加於物體的力，亦即「重力」。平常我們不會意識到，但其實我們的身體始終被一種力朝地球中心的方向拉去。這個力就是重力。

物體因為重力而落下時的加速度稱為「重力加速度」。在地球上，這個加速度一直保持在9.8m/s²左右。所謂的加速度，是指每1秒的速度的變化量。9.8m/s²意味著，每1秒的速度各增加9.8公尺／秒。

施加於物體的重力和質量成正比，這個關係可

所謂的質量是指「物體的移動困難度」

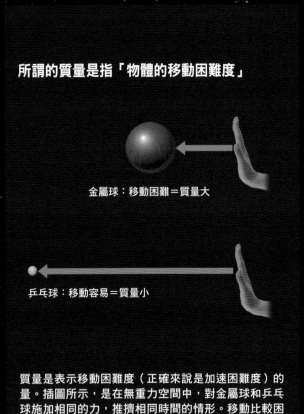

金屬球：移動困難＝質量大

乒乓球：移動容易＝質量小

質量是表示移動困難度（正確來說是加速困難度）的量。插圖所示，是在無重力空間中，對金屬球和乒乓球施加相同的力，推擠相同時間的情形。移動比較困難的金屬球，質量比較大。

所謂的重量是指「重力」

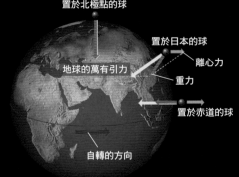

置於北極點的球

置於日本的球

離心力

地球的萬有引力

重力

置於赤道的球

自轉的方向

重量是表示施加於物體的重力的量。正確地說，重力是來自地球的萬有引力和離心力的合力。離心力，是因為地球的自轉運動而產生的，朝地球外側拋甩出去的作用力。重力加速度，是來自地球的萬有引力和離心力的合力所產生的加速度。插圖中，北極點、日本、赤道附近的重力以橙色箭頭表示，來自地球的萬有引力以黃色箭頭表示，離心力則以綠色箭頭表示。在自轉的旋轉半徑最長的赤道區，旋轉速度最快，離心力也最大，重力則變得最小。而在北極點剛好相反，重力變成最大。此外，由於自轉的關係，地球的形狀成為赤道部分膨脹出來的扁平形狀。因此，距離地球中心比較遠的赤道區，所受到的地球萬有引力比北極點來得小。此外，標高較低的場所、地下有高密度物質聚集的地方等等，所受到的地球的萬有引力也會比較大。

以記為「重力＝質量×重力加速度」。包含重力在內的力的單位是「牛頓」（$N=kg \cdot m/s^2$）」，施加於質量1公斤的物體的重力為大約9.8牛頓。質量和重力是不同的物理量。但是，因為地球上的重力加速度幾乎恆定，所以體重計、廚房的料理秤等各種測量質量的器具，大都是藉著測量作用於物體的重力，來測量這個物體的質量。

月球上測量的重量只有地球上的6分之1

不過，在想要精密測定重量的場合，還是有必須注意的問題存在。質量是物體固有的值，所以不論在什麼地方測量都不會改變。而重量卻會因測量場所的重力加速度不同，而使測到的值隨之改變。

重力加速度會受到地球自轉的影響，以及標高、地下結構等地質的差異，而有所不同。受到自轉的影響，赤道上的重力加速度較小，在南北兩極則較大，會有0.5％左右的差異（左頁右下方插圖）。

在地球外頭，重力的差異更明顯。在地球上測得6公斤重的物體，在重力加速度只有地球的6分之1左右的月球上，會變成測得1公斤重。而若在無重力（重力加速度為0）的宇宙空間，將會測得0公斤重。

順帶一提，在無重力空間中，即使重量變成零，但質量，亦即移動的困難度，依然存在，因此質量越大的物體，施加相同的力時越難移動。

不管什麼物體的重量，到月球上測量都只有地球上的6分之1

物體的重量是指作用於該物體的重力。因此，即使是相同的物體，如果在不同的場所測量，所得到的重力的值也有可能會不一樣。

例如，月球上的重力加速度只有地球上的6分之1，所以在月球上測量物體（插圖中為金屬球）的重量，它的值將會是在地球所測得的值的6分之1。而如果在重力加速度為零的宇宙空間中測量，則不管什麼物體的重量都會是零。在重力加速度和地球不同的其他行星上，也會發生同樣的情形。然而，質量是物體本身固有的值，所以不管在什麼地方都相同。

在月球上（重力加速度為地球上的6分之1）
測量金屬球的重量
＝
1

在太空中（重力加速度為0）
測量金屬球的重量
＝
0

在地球上
測量金屬球的重量
＝
6

利用銫-133原子作為1秒的定義

我們使用鐘錶來知道時間。手錶、桌鐘、電腦及手機裡的鐘錶等等，現在所使用的鐘錶絕大多數是使用水晶來計量時間（石英鐘）。

水晶若施加電壓會穩定地振動。水晶在一定時間內振動的次數（頻率）因其質量、形狀而有所不同，但是像手錶所使用的這種小型水晶，大多1秒鐘振動3萬2768次。所以在水晶振動了3萬2768次的瞬間，秒針就前進1秒。

正確刻劃1秒的時鐘技術不斷在進步，而定義1秒這個時間長度的方法也逐漸在改變。時間的基本單位是「秒」。秒的間隔與人類心臟的跳動等生活周遭的事物相近，是日常使用的時間單位中最小的，所以被挑選作為時間的單位。

自古以來，人們就依據以一定的時間間隔反覆呈現的自然現象，來標示時間的長度。西元前3000年左右的埃及，以太陽到達南天中央的時間間隔為1天，再把1天分割為24小時。這個觀念後來進一步發展成把1小時分割為3600（60×60）等分，每1等分定義為1秒的長度。

到了1956年，國際度量衡委員會（CIPM，法文：Comité international des poids et mesures）為求取更穩定的基準，改以地球的公轉作為秒的基準。但由於它必須依據長期的天體觀測才能得出數值，所以無法得到良好的精度。

定義1秒的器械是什麼？

我們日常生活中所使用的鐘錶，是依據水晶的頻率來刻劃1秒。另一方面，國際間則採用銫-133原子作為1秒長度的基準，以這種原子吸收的微波頻率作為1秒長度的依據。利用這種原理的鐘錶稱為原子鐘。

水晶鐘錶

振動方向

裝在水晶鐘錶裡面的音叉型水晶擺子的放大圖。在切割出來的水晶薄片上鍍一層膜。水晶擺子還有其他的形狀。

未吸收微波而保持低能量狀態的銫-133原子

吸收微波而變成高能量狀態的銫-133原子

微波
所具有的頻率無法提高銫-133原子的能量狀態。

微波
具有91億9263萬1770赫的頻率，能提高銫-133原子的能量狀態。

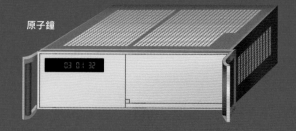

原子鐘

日常生活中的鐘錶是藉著偵測水晶的振動而前進1秒

水晶鐘錶裡面，裝有電池、水晶和振動電路（用於使水晶振動的電路）。在水晶晶體的2個面之間施予某個方向的電壓時，晶體會伸展；施予相反方向的電壓時則會收縮。因此，只要持續地每隔一段時間，對水晶的兩面，交互施予不同方向的電壓，就可以使水晶片產生振動。水晶只有在施予依其重量、形狀、切割方式而定的特定週期電壓時才會振動。計算振動的次數，達到設定的振動次數時，鐘錶的秒針就前進1秒，藉此成為精密的鐘錶。水晶鐘錶之中有一種電波鐘，會接收原子鐘傳來的電波，上頭載有刻劃時刻的資訊，依此進行時刻的調整。

某種微波做91億9263萬1770次振動就是1秒

銫-133原子只有在吸收具有91億9263萬1770赫的頻率的微波時，才會進入高能量狀態。原子鐘利用這個性質，對銫-133原子施加微波，確定銫-133原子的能量狀態提高之後[※]，計數微波的振動次數。因為已經設定當振動次數達到91億9263萬1770次時為經過1秒鐘，所以原子鐘就將時間前進1秒。

※使用磁鐵使高能量狀態的銫-133原子的行進路徑朝偵測器的方向彎曲，進入偵測器的銫-133原子會被離子化，使得電路中有電流流通，於是可依此確定原子鐘的動作。

原子鐘以最精確的方式定義 1 秒

後來，用來定義 1 秒的基準改為銫-133原子。究其緣由，是原子只有在吸收特定頻率（每 1 秒鐘的波的振動數，單位為「赫」）的電磁波，才會變成具有較高能量的狀態。就以銫-133原子來說，如果吸收了頻率91億9263萬1770 赫的電磁波「微波」，就會變成高能量狀態。現在，就是將銫-133原子所吸收的微波做91億9263萬1770次振動所花的時間，定義為 1 秒。

原子鐘就是利用這個原理來標示正確的時刻。原子鐘是用於導航系統的GPS衛星、行動電話基地台，還有電機廠商在校正時鐘製品的時間落差等各方面不可或缺的利器。

像這樣，雖然國際間決定了 1 秒的定義，但是在這個國與國之間資訊交換如此頻繁的時代，如果沒有世界共通的時刻，可真是不方便。於是國際間便制定「國際原子時」（TAI）和「世界時」（UT1）來表示世界共通的時刻。

科學家用設置於70個以上的國家的大約500座原子鐘的時刻為基準，訂定了國際原子時，藉此把 1 秒的長度做最正確的刻劃。另一方面，世界時則是依據地球的自轉而訂定的時刻，合乎我們日常生活所需。但是，由於月球和太陽的引力影響等因素，地球的自轉一點一點地越來越慢，所以 1 秒的長度會一直改變。因此，利用把 1 秒做最精確刻劃的國際原子時，每數年一次，在世界時中插入稱為「閏秒」的 1 秒，成為把影響地球自轉的因素納入考量的「世界協調時間」（UTC），作為世界共通的時刻使用。

世界時
以經度 0 度上的英國格林威治舊天文台所在地的時刻為準。這個時刻是由地球自轉決定的，符合我們的生活需求。但地球的自轉逐漸變慢，導致 1 秒的長度改變了。

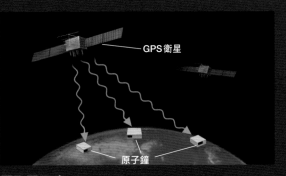

國際原子時
GPS衛星所搭載的原子鐘朝全世界各個原子鐘送出1秒的訊號。然後收集與這 1 秒的延遲的資訊，計算出全體原子鐘的平均時刻，再與最高精度的原子鐘「第一級頻率標準器」的時刻做比較，進行調整成為國際原子時。

世界時的時刻		世界協調時間的時刻（恪遵國際原子時的秒的刻劃）
Jun 30　23:59:58²⁰	時刻落後0.8秒（世界協調時間比較快）	Jun 30　23:59:59⁰⁰
Jun 30　23:59:59²⁰	把世界協調時間插入閏秒	Jun 30　23:59:60⁰⁰　插入閏秒
Jul 1　00:00:00²⁰	縮小時刻的差	Jul 1　00:00:00⁰⁰

依據維持著精確的 1 秒長度的國際原子時，每隔數年一次，在標定 1 秒的協定世界時內，插入稱為「閏秒」的 1 秒，使其符合我們的日常生活所應用的世界時的時刻。閏秒插入的時間，是在經度 0 度從除夕夜進入到元旦的日期轉換之際，或是從 6 月30日進入到 7 月 1 日的日期轉換之際。

表示在導體內流通之電荷量的單位

「100瓦特的燈泡」、「1.5伏特的乾電池」、「電力公司供電契約的安培數」等等，在我們的日常生活當中，總會接觸到許多與電有關的各種單位。其中之一的「安培」（Ａ），是表示在導線等導體（容易導電的物質）內所流通的電荷量單位。

電流是從金屬原子飛出之電子的流動

所謂的電流，究竟是什麼東西呢？當我們說「電流在流通」的時候，實際上是什麼東西在流通呢？

所謂的電流，一言以蔽之，就是「電子的流動」。在這裡，我們用放大圖來瞧瞧，金屬導體內有「電流在流通」的情形吧（下方插圖）！

在銅及鋁等金屬裡面，銅原子、鋁原子會井然有序地排列。但是，各個原子分別擁有帶負電荷的電子，而這些電子會從原子飛出去，在銅原子、鋁原子所構成的金屬內部自由地四處移動。這種電子稱為「自由電子」。

這種自由電子各自朝任意的方向移動，整體來看，就是「電子不會往單一方向流動」的狀態。但是，如果使用電池或發電機對導體施加電壓，就會促使一部分自由電子朝同一個方向流動，成為「電流在流通」的狀態。

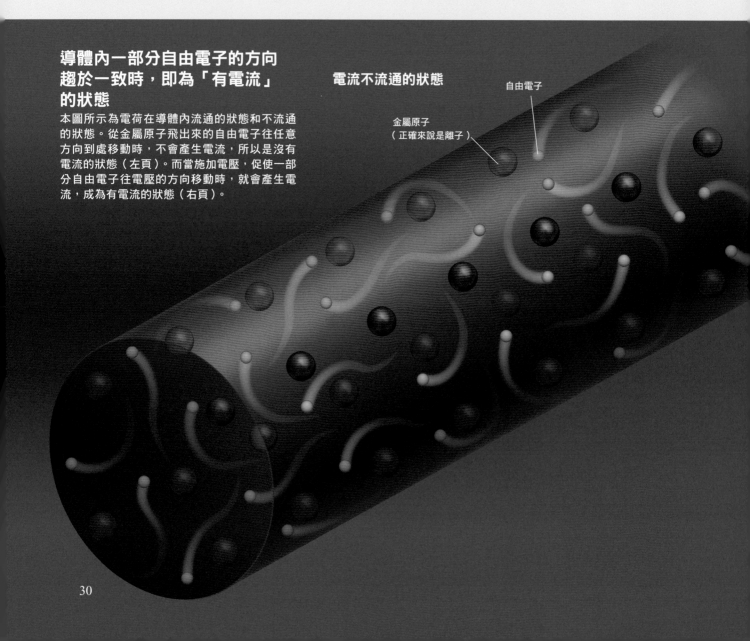

導體內一部分自由電子的方向趨於一致時，即為「有電流」的狀態

本圖所示為電荷在導體內流通的狀態和不流通的狀態。從金屬原子飛出來的自由電子往任意方向到處移動時，不會產生電流，所以是沒有電流的狀態（左頁）。而當施加電壓，促使一部分自由電子往電壓的方向移動時，就會產生電流，成為有電流的狀態（右頁）。

電流不流通的狀態

自由電子

金屬原子
（正確來說是離子）

「1安培」的大小是如何定義的呢？

剛才介紹了「安培是（電流）的單位，表示在導體內流通的電荷量」。那麼，「1安培的電流」究竟是多大的電流呢？1安培是「在1秒鐘內通過具有1庫侖電荷粒子的電流量」。「庫侖：C」是表示電子等粒子所帶電荷大小的「電荷量」單位（詳見第47頁）。

不過，由於電荷量的測量極為困難，所以實際上是採用在平行配置的2條導線間作用的力為基準來定義1安培。在2018年之前，1安培的定義是「真空中，在2條以1公尺的間隔平行配置的直線狀導體內分別流動，且使這些導體每1公尺長度有2×10^{-7}N的力相互作用的恆定電流」。（在計算上，設定2條導線為無限細且無限長）N是表示力的單位，稱為「牛頓」。1N為使1公斤物體的速度每秒鐘增加1公尺／秒的力（詳見第52頁）。自2019年5月起，安培採用新的定義（詳見序言）。

剛才提到伏特（V）這個與電相關的單位，這是表示用來推送電流的「電壓」單位。而瓦特（W）則是表示在1秒鐘內有多少電能量轉換成光能或熱能的「電功率」單位。

電功率的值，等於電流和電壓相乘的值。也就是說，如果對消耗電功率100瓦特的電燈泡施加100伏特的電壓，則會產生1安培的電流流通。而若是對消耗電功率300瓦特的冰箱施加100伏特的電壓，從插座流過來的電流值為3安培。

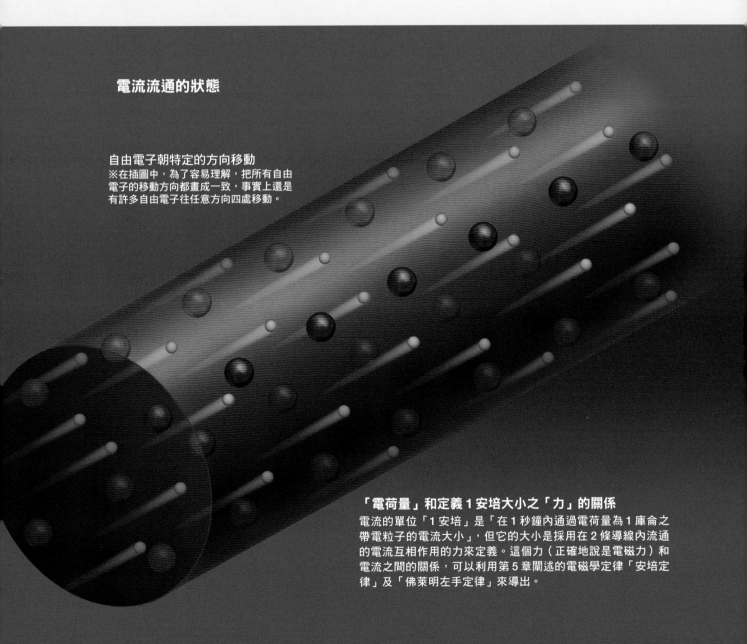

電流流通的狀態

自由電子朝特定的方向移動
※在插圖中，為了容易理解，把所有自由電子的移動方向都畫成一致，事實上還是有許多自由電子往任意方向四處移動。

「電荷量」和定義1安培大小之「力」的關係
電流的單位「1安培」是「在1秒鐘內通過電荷量為1庫侖之帶電粒子的電流大小」，但它的大小是採用在2條導線內流通的電流互相作用的力來定義。這個力（正確地說是電磁力）和電流之間的關係，可以利用第5章闡述的電磁學定律「安培定律」及「佛萊明左手定律」來導出。

以自然界的下限溫度為基準的溫度單位

自古以來，人們就構思了各式各樣的方法，企圖以定量方式表示溫度。其中最具代表性的方法之一，就是瑞典天文學家攝爾修斯（Anders Celsius，1701～1744）提出的攝氏溫度[1]（單位符號為℃）。

我們經常使用的玻璃製溫度計的管子上，刻有攝氏溫度的刻度，裡面裝著酒精或水銀等物質。這些液體會隨著溫度升高或降低而膨脹或收縮，藉由液面上升或下降，我們就可以讀取液面所在的刻度而得知溫度。

在早期的年代，攝氏溫度是在標準大氣壓之下，設定水和冰共存的溫度（冰點）為0℃，設定水和水蒸氣共存的溫度（沸點）為100℃，再設定這兩個溫度差的100分之1為1℃。

但是，自然界中還有許多遠遠高於100℃的溫度存在，也有許多遠遠低於0℃的溫度存在。那麼，溫度究竟有沒有上限和下限呢？

自然界的極限狀況「絕對零度」

最低溫度的值是依據法國物理學家查理（Jacques Alexandre César Charles，1746～1823）的實驗資料所做的預測。他發現，在壓力一定的狀況下，氣體的體積會隨著溫度升高以一定的比例膨脹，這規則稱為「查理定律」。

根據它的實驗結果，溫度每升高1℃，氣體的體積

在「絕對零度」的狀態下，粒子會完全靜止。

溫度越低，構成物質之粒子的運動能量越小。請看右邊的插圖。例如，在100℃以上的環境中，水分子擁有龐大的運動能量，活躍地四處飛行（氣體的狀態）。而在0℃以下的環境中，水分子靜靜待在固定的位置，只能做微微的振動（固體的狀態）。插圖中沒有描繪出來，但我們可以推測，如果是在負273.15℃（絕對零度）的環境中[※]，水分子的運動能量可能會變為0，無法做任何運動（不過，如果把微觀世界的物理理論「量子論」效應納入考量，則不會完全靜止）。溫度的高低可以想成是粒子的運動的劇烈程度。

※事實上不可能達到負273.15℃（絕對零度）的溫度。

在絕對零度，理想氣體的體積為零

溫度越降低，氣體的體積越縮小。這與氣體粒子的運動有關係。依照理論的計算，理想氣體在溫度降到負273.15℃時，體積會變成零。因此，把負273.15℃訂為自然界的最低溫度「絕對零度」。

溫度較高時，粒子活躍地運動，撞擊活塞把它往上推升，所以體積變大。

隨著溫度降低，粒子的運動變得遲緩，每個粒子推升活塞的力道減弱，所以體積變小。（不過，壓力保持一樣）

如果溫度降到負273.15℃，粒子可能停止運動，使得體積變為0。這時的溫度為自然界的最低溫度。

會增加「0℃時的體積的273.15分之1」。也就是說，如果溫度降低到負273.15℃，則氣體的體積便會變成零[2]。造成這個極限狀況的負273.15℃被認為是自然界的最低溫度，因此稱為「絕對零度」。

英國的物理學家克耳文爵士（William Thomson Kelvin，1824～1907）提出以這個自然界的最低溫度為基準的普遍性溫度單位「絕對溫度[3]」的方案。1968年，國際度量衡大會依據這個絕對溫度，定義了新的國際性溫度單位（單位是克耳文：K）。

在絕對零度的世界中，到底會發生什麼樣的情況呢？溫度，原本就是表示「構成該物質的粒子（分子或原子）運動劇烈程度（動能的大小）」的指標。溫度越升高，粒子的動能越高，粒子的運動就比較活躍。因此，物質的體積會增加。

相反地，在絕對零度的世界中，粒子的動能可能會降為零，使得粒子處於靜止的狀態[4]。順便說一下，以人造溫度來說，目前已經成功地製造出10億分之1K以下的低溫，相當接近絕對零度。

以絕對零度為基準而設定的單位1K，每度的間隔寬度和先前人們慣用的攝氏溫度1℃的間隔寬度相同，亦即絕對溫度（K）＝攝氏溫度（℃）＋273.15。最低溫度的負273.15℃就是0K。也就是說，絕對溫度沒有負值存在。

我們的日常生活一般使用攝氏溫度。但是，沒有負值的絕對溫度在物理學和化學的世界中非常好用，被視為一大珍寶。

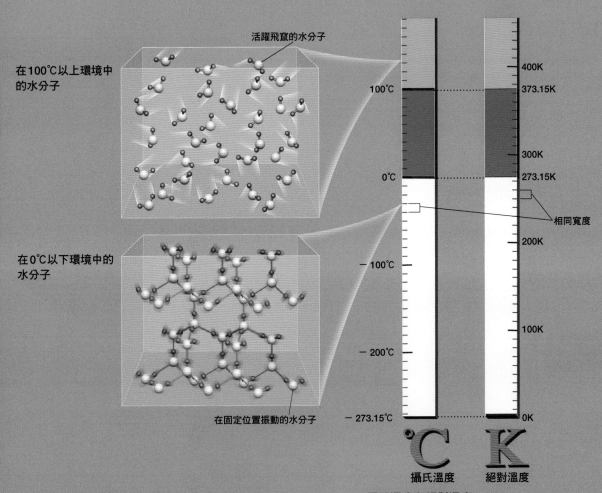

在100℃以上環境中的水分子

活躍飛竄的水分子

在0℃以下環境中的水分子

在固定位置振動的水分子

100℃　　373.15K

400K

0℃　　273.15K

300K

相同寬度

200K

－100℃

100K

－200℃

－273.15℃　　0K

℃　　K
攝氏溫度　　絕對溫度

攝氏溫度和絕對溫度
攝氏溫度的基準是水的冰點（0℃）和沸點（100℃）。絕對溫度的基準是絕對零度（0K）（上圖的紅色刻度）。絕對溫度的1個刻度的間隔寬度，設定為和攝氏溫度的1個刻度的間隔寬度相同。現在反而是依據絕對溫度（K）＝攝氏溫度（℃）＋273.15的式子來定義攝氏溫度。

※1：正確名稱是攝氏溫標。
※2：因為是理想氣體（忽略分子的體積及分子間的作用力的虛擬氣體），因此可以假想它的體積會變為零；若是實際的物質，體積不會變為零。
※3：現在的正確名稱是熱力學溫標。
※4：如果把支配微觀世界的物理學「量子力學」的效應納入考量，則不會完全靜止。

表示數量龐大的粒子有多少個的單位

假設我們分別取氧、氫、碳、水等各1公克吧！它們同樣是1公克，但其中所含的原子或分子的數量各不相等。因為1個原子或分子的質量會依種類不同而有所差異。

但是，在化學反應中，各種原子或分子會集結或分離，所以在考慮與化學反應有關的場合時，原子或分子的數量會比質量更為重要。例如，使氧（O）和氫（H）發生反應而產生水（H_2O）時，氫原子的數量必須是氧原子數量的2倍。

另一方面，由於原子和分子非常微小，就算只取例如1公克的物質，其中所含的原子或分子等粒子的數量也是非常龐大。因此，在計數粒子的數量時，最好把粒子依我們容易處理的數做整理，再以此為基準來表示粒子的數量，會比較方便。

表示粒子數有多少個的量稱為「物質量」。物質量的單位是「mol」。如果氧原子集團和氫原子集團各有1mol，表示兩者所含的原子數量相等。

1mol的粒子的數量有多少個？

那麼，1mol物質含有多少個粒子呢？依照先前的莫耳定義，是把「12公克的『碳-12』

龐大數量之粒子的單位——mol

原子和分子之類的粒子非常微小，而它們的數量也非常龐大。用來表示這種龐大數量的粒子有多少個的單位，就是「mol」。1mol的物質裡面，含有大約6.02×10^{23}個成分粒子。mol取自「molecule」，意即分子。

12公克「碳-12」所含的碳原子的數量是1mol的基準

在某個物質中，如果含有與「12公克『碳-12』」相同數量的粒子，它的物質量便是1mol。以碳為主要原料的東西，有炭及鉛筆芯等等。

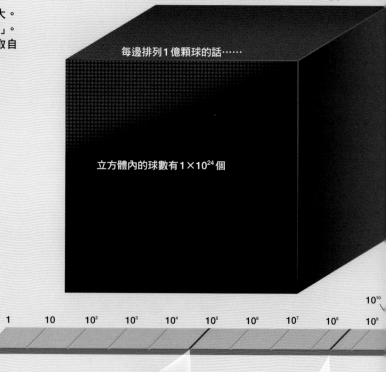

1mol的粒子數為大約6.02×10^{23}個

每邊排列1億顆球的話……

立方體內的球數有1×10^{24}個

| 1 | 10 | 10^2 | 10^3 | 10^4 | 10^5 | 10^6 | 10^7 | 10^8 | 10^9 | 10^{10} |

人類的頭髮
約10^5根

日本的人口
約1.3×10^8人

之中存在的原子數」訂定為1mol物質中所含的粒子數。不過，mol在2019年5月做了重新定義（請參照序言）。

所謂的「碳-12」，是指碳原子中心的原子核內具有6個質子和6個中子的碳。一般來說，同一種元素中會有質子數相同而中子數不同的不同原子（同位素）存在。例如碳，具有6個質子和6個中子的「碳-12」占了大約99%，另外還有具6個質子和7個中子的「碳-13」、具6個質子和8個中子的「碳-14」存在。這3種碳的質量並不相同，因此限定以「碳-12」原子作為基準。

不過，從先前的定義可以明顯看出，其實並沒有載明1mol的粒子數。這個數量就是12公克的「碳-12」所含的碳原子的個數。

不過，更加精確求得這個數後，得知大約為6.02×10^{23}左右，我們把這個非常龐大的數稱為「亞佛加厥常數」。

亞佛加厥常數大得驚人

例如，想像把許多顆球塞進一個立方體裡面，立方體的每一邊排列1億顆球的場景。這個立方體裡面的球有1×10^{24}顆，是這個亞佛加厥常數的1.6倍左右，算是相當接近的值。或許由此可以想像一下，亞佛加厥常數是多麼龐大！

想像6.02×10^{23}的大小

1mol的粒子數在先前的定義中並沒有明載（定義沒有明載的必要），不過我們知道它的數量是大約6.02×10^{23}個，稱為亞佛加厥常數。10^{23}是把10相乘23次的數。若要想像亞佛加厥常數有多麼龐大，或許可以想像把許多顆球塞進一個立方體的場景。如果立方體的每一邊都排列1億顆球，那麼塞進立方體裡面的球數有1×10^{24}顆。這是亞佛加厥常數的大約1.6倍，算是相當接近的數。如果很難想像出每邊排列1億顆球的立方體，那麼把每邊排列的球數換成日本的人口數就行了。

1mol的粒子數為
大約6.02×10^{23}個

亞佛加厥常數比宇宙的恆星數量還要大

我們把各種「大數」排在每個刻度都是前一個刻度的10倍的「對數刻度」上看看。人類的頭髮平均大約10^5根（約10萬根），日本的人口大約1.3×10^8人（1億3000萬人），人體具有的細胞個數大約10^{14}個（約100兆個），這些都遠遠不及亞佛加厥常數（6.02×10^{23}）。可觀測的宇宙範圍（從宇宙誕生到經過138億年的現在，光可抵達的範圍）中的恆星數量據推測有大約7×10^{22}顆，但亞佛加厥常數仍然比它大得多。1mol的物質（碳-12的話，是12公克）裡面竟然含有數量如此龐大的粒子，實在太驚人了！

| 10^{12} | 10^{13} | 10^{14} | 10^{15} | 10^{16} | 10^{17} | 10^{18} | 10^{19} | 10^{20} | 10^{21} | 10^{22} | 10^{23} | 10^{24} |

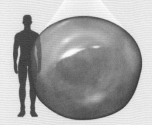

人體的細胞個數
約10^{14}個

可觀測的宇宙範圍的恆星數量
約7×10^{22}顆

35

表示光源本身的亮度的單位

白天的太陽、夜晚的月亮和星星、街燈、屋內的日光燈等等，我們的周圍到處都是發光的東西（光源），有些是自然光源，有些則是人造光源。

看到光，我們會感受到「耀眼」、「昏暗」等不同的亮度。即使是來自同一個光源的光，也會因為距離光源的遠近、周圍環境的亮度等因素，而產生不同的感覺。

亮度的單位是「光度」，這個單位和上述種種條件無關，純粹表示光源本身的亮度，亦即從光源放出多少量的光。單位的名稱就是「燭光」（cd），源自蠟燭的拉丁語「Candela」，這也是英文「candle」的語源。

這個單位名稱的由來，是因為從19世紀中葉至20世紀中葉，曾經使用蠟燭或是煤氣燈的亮度作為光度單位，即「1支既定規格的蠟燭的亮度是1單位」，以及「一盞既定規格的戊烷燈（pentane lamp，煤氣燈）的亮度是10單位」。

但是，蠟燭和煤氣燈的亮度重現性不佳，所以到了第二次世界大戰前後，改成使用黑體作為基準。我們已知把物體加熱會發光，但若物體為純黑色，則發光的亮度只依溫度的高低而定，具有這種特性的物體稱為黑體。日本自1952年起採用黑體的亮度作為光度基準。而現在的光度單位「燭光」也在這個時期出現。

後來，又改成不依蠟燭和黑體等「實物」來定義光度。自1979年起，1燭光的定義為「放出頻率540×10^{12}Hz的單色輻射，且在給定方向上的輻射強度為 $\frac{1}{683}$ W/sr（瓦特每球面度）的光源，在該方向的光度」。乍看之下好像很複雜，總之，光度就是依據「放射出人眼最能感覺的綠色光源，在某段時間內，在某個範圍的角度中，所放射出來的光能量的大小」而下定義。

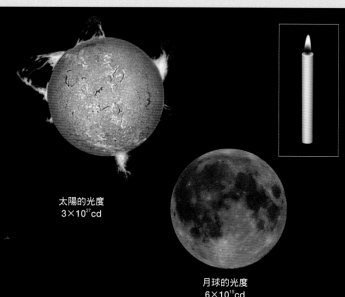

太陽的光度
3×10^{27}cd

月球的光度
6×10^{15}cd

燭光是表示太陽及蠟燭本身亮度的單位

在國際單位制中，除了長度、質量、溫度等等，也包括與亮度有關的單位，那就是「燭光」（cd）。燭光是表示從光源發出的光的量，亦即光源本身的亮度（光度）的單位。插圖所示為從太陽到蠟燭的光度的比較。

1燭光是1支蠟燭的亮度？

現在，國際上對1燭光的定義是 $\frac{1}{683}$ W/sr（瓦特每球面度）的輻射強度，發出頻率540×10^{12}Hz的光（綠光）之光源的光度」。球面度為立體角的單位。度量衡相關機構採用這個頻率作為光度的定義，是因為人的肉眼對這個頻率的光的感度最高。在採用以黑體的亮度為基準的光度單位「燭光」之前，日本曾經使用「燭」這個單位。這個單位是以煤氣燈的亮度作為基準，使用到1958年為止。在以煤氣燈的亮度作為光度單位的基準之前，是以1支蠟燭的亮度作為光度單位的基準，而現在1燭光的光度和早先作為基準的1支蠟燭的亮度大致相同。

100W電燈泡
100cd

蠟燭
約1cd

加上大（小）的詞頭

　　國際單位是把長度的基本單位訂為m，質量的基本單位訂為kg。但實際上，往往必須測量遠比這些國際單位更大的值，或更小的值。若要表示這樣的量，只要在國際單位前面加上詞頭就行了（右表）。例如，要表示1000m（10^3m）的時候，通常會在m的前面加上詞首「千：k」成為「千公尺：km」的新單位，把它記成1km。千公尺一般稱為公里。🪐

次方數	英文名稱	符號	中文名稱
10^1	deca	da	十
10^2	hecto	h	百
10^3	kilo	k	千
10^6	mega	M	百萬
10^9	giga	G	十億
10^{12}	tera	T	兆
10^{15}	peta	P	拍
10^{18}	exa	E	艾
10^{21}	zetta	Z	皆
10^{24}	yotta	Y	佑
10^{-1}	deci	d	分
10^{-2}	centi	c	厘
10^{-3}	milli	m	毫
10^{-6}	micro	μ	微
10^{-9}	nano	n	奈；毫微
10^{-12}	pico	p	皮；微微
10^{-15}	femto	f	飛
10^{-18}	atto	a	阿
10^{-21}	zepto	z	介
10^{-24}	yocto	y	攸

單位制定的歷史（黑字為世界大事，粉紅字為日本大事）

1795年：法國制訂「公制」[1]。

1799年：兩個標準原器「公尺原器」和「公斤原器」收藏於法國巴黎的國立公文書館。

1874年：英國科學振興協會引入「CGS單位制」[2]。

1875年：17個國家在法國簽署「公制公約」。

1885年：加入「公制公約」。

1889年：舉辦第1屆國際度量衡委員會，決議以國際原器作為公尺和公斤的基準。

1891年：制訂「度量衡法」[3]。

1909年：正式認可「碼磅制」[4]。

1946年：國際度量衡委員會認可「MKSA單位制」[5]。

1954年：國際度量衡大會認可在「MKSA單位制」中追加的溫度單位（K）和光度單位（cd）。

1959年：計量單位統一為公制。

1960年：國際度量衡大會把上述的單位制命名為「國際單位制」（System International Unit，SI）

1971年：「國際單位制」追加物質量的基本單位（mol），成為現在的7個基本單位之一。

1974年：引進「國際單位制」。後來，把各種單位陸續移轉為國際單位制。

1991年：把JIS（日本工業規格）完全依循SI（國際單位制）。

2019年：重新定義7個基本單位。

1800年
1900年
2019年

※1：把長度的基本單位訂為m，質量的基本單位訂為kg的單位制。

※2：把長度的基本單位訂為cm，質量的基本單位訂為g，時間的基本單位訂為秒（s）的單位制。

※3：決定以尺為長度基本單位、以貫為質量基本單位的傳統單位（尺貫制）和公尺、公斤等的關係的單位制。

※4：把長度的基本單位訂為碼，質量的基本單位訂為磅，時間的基本單位訂為秒的單位制。

※5：在長度的基本單位訂為m，質量的基本單位訂為kg，時間的基本單位訂為秒的MKS單位制中，追加電流的基本單位（安培）的單位制。

2

導出單位

協助　洪鋒雷／池上健／清水由隆／小野輝男／藤井賢一／和田純夫／座間達也

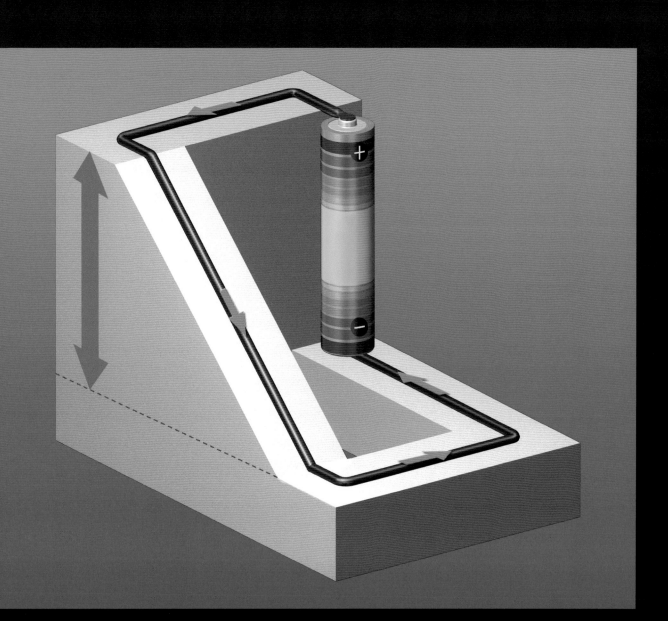

波在1秒鐘內振動的次數

　　我們的周遭充滿了電波、聲波、光等各式各樣不同種類的「波」。不同種類的波，其性質有很大的差異。

　　波的性質呈現在它的「振動方式」上。我們用「頻率」來表示波的振動速度，單位是「赫：Hz」（s^{-1}；秒的倒數）。仔細觀察波就能清楚地看到，波在前進的同時，會反覆盪到最高的位置（波峰）又盪到最低的位置（波谷）。頻率就是指波在1秒鐘之內反覆振動的次數。

　　1960年，國際間制訂頻率的單位為「赫」。日本也從1997年開始，取消了頻率的舊單位「週：c，c/s；週每秒」，改用赫。

頻率造成聲音的高低

　　頻率的差異，會使波產生什麼樣的特徵呢？

頻率表示波的振動速度

波的「振動方式」依「波的基本要素」（右表）而定。這些基本要素之中，最常被用來表示波的特徵要素是頻率和波長。把頻率和波長相乘，可求得波的速度。以頻率和波長表示的波的振動方式不同，波的性質也就不同。

波的基本要素

振幅⋯⋯波的振動的幅度。
頻率⋯⋯每1秒，波的各點振動的次數。也可說是：每1秒，通過某個點的波峰個數。
週期⋯⋯波的各點振動1次所需的時間。也可說是：波峰通過某個點之後，下一個波峰到達同一個點所需的時間。頻率和週期是倒數的關係（週期＝1÷頻率）。
波長⋯⋯波峰（最高的地方）和波峰之間的長度。也可說是：波谷（最低的地方）和波谷之間的長度。

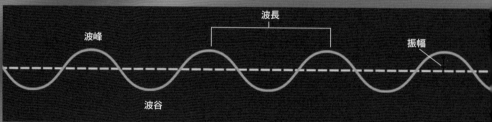

波長　波峰　振幅　波谷

具有各種頻率（波長）的電磁波家族

拍攝X光照片時所照射的X射線、太陽射來而造成曬傷的紫外線、使用行動電話通話時不可或缺的無線電波⋯⋯。乍看之下，會以為這些都是毫不相干的東西，但其實它們全部都是「電磁波」這個家族的一員。雖然屬於同一個電磁波家族，但各自的頻率（波長）有著很大的不同。在右邊的插圖中，表示各種電磁波所具有的波長。插圖中位於越下方的波，波長越短（頻率越高），直進性越強，能量也越大。頻率（波長）的不同產生了性質上的差異，也造成了用途方面的差別。

各種電磁波與波長的關係

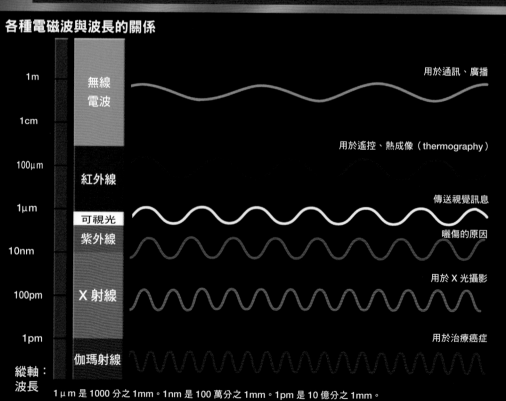

1m　1cm　100μm　1μm　10nm　100pm　1pm

無線電波　紅外線　可視光　紫外線　X射線　伽瑪射線

用於通訊、廣播
用於遙控、熱成像（thermography）
傳送視覺訊息
曬傷的原因
用於X光攝影
用於治療癌症

縱軸：波長

1μm是1000分之1mm。1nm是100萬分之1mm。1pm是10億分之1mm。

在這裡舉出幾個例子來瞧瞧吧！

比起無線電波及光（可見光）等電磁波，聲波行進的速度十分緩慢。在煙火大會上，看到遠方天空爆開的燦爛煙火之後，還要過一會兒才會聽到發射升空時的聲音，就是這個原因。而在各種聲波當中，頻率比較高的聲波，在我們耳中聽起來就是比較高的聲音。

此外，電磁波包含了可見光、X射線、紫外線、紅外線、無線電波等等各種不同頻率的波。頻率越高，越容易筆直行進而不致擴散開

來，能量也越高[※]。我們可以依據這個性質，來運用各種電磁波。

例如，高能量的伽瑪射線及X射線，在醫療現場被用來攻擊癌細胞。而容易擴散的無線電波，則可運用在行動電話及收音機等通訊和廣播方面。還有，在無線電波之中，關於行動電話和收音機所使用的電波頻率，各個電話公司和廣播公司之間會做更細密的劃分區隔，以避免互相混雜干擾。

※電磁波的特徵也是根據波長來區分。

頻率越高的聲波，音調越高

一般來說，越是高的音，其頻率越高且波長越短；越是低的音，其頻率越低且波長越長（右方插圖）。亦即，可以說是頻率造成了不同的音階（下方插圖）。以弦樂器來說，越長越粗的弦會發出越低頻率的音，而張力越大的弦會發出越高的音。也就是說，撥動緊繃的細弦會發出較高的音。所以小提琴或吉他的演奏家在演奏時會不斷地改變手指按壓在弦上的位置，以便發出不同高度的音。

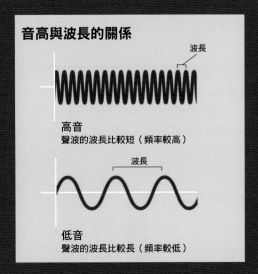

音高與波長的關係

波長

高音
聲波的波長比較短（頻率較高）

波長

低音
聲波的波長比較長（頻率較低）

為什麼音階從「Re」開始逐步往上，也會聽到「DoReMiFaSoLaSiDo」？

現在，一般所使用的音階為「十二平均律」，也稱為「十二等程律」。在十二平均律中，1個八度音（1組音階，DoReMiFaSoLaSiDo）的最後一個Do的頻率是第一個Do的2倍。而1組音階有12個琴鍵（音程）。十二平均律把這2倍的頻率差平均分配給12個音程，使每相鄰兩個音的頻率比都相同。具體來說，就是每個音的頻率為前一個音的2的12次方根（$\sqrt[12]{2}$）倍，亦即大約1.06倍。因此，不論從哪一個音開始彈奏「DoReMiFaSoLaSiDo」，都會聽到相同的音階，也因此可以轉調（把同一首曲子改變主音而進行演奏）。

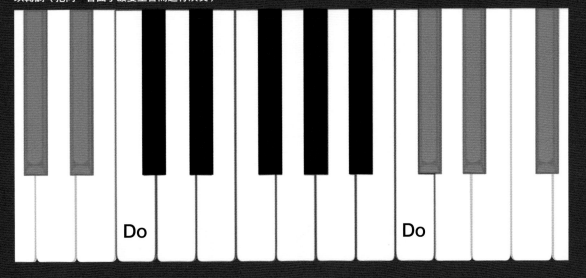

Do   Do

所有能量的單位「焦耳」

做什麼事情都需要能量。例如，燒開水的時候利用瓦斯爐的熱能，開車的時候是利用汽油的能量，我們的身體也要從食物獲取能量才能活動。

我們最熟悉的能量單位，大概是標示在食品包裝上的「卡路里：cal」吧！cal是以最貼近我們身邊的物質「水」作為基準而定義的單位。在標準大氣壓（1atm）下，使1公克水的溫度上升1℃所需的熱量，即為1cal。

食物中具有的能量的量，可以當成燃燒食物所產生的熱能的量（熱量）來測得。不過，人並無法把食物全部消化、吸收。因此，食品包裝上標示的值其實被修正為人能夠從該食品消化後吸收的能量的量。例如，蛋白質每1公克是4kcal（千卡路里）。

但是，cal這個單位也有問題。嚴格來看的話，雖然同樣是1cal，但要使不同溫度的水上升1℃所需要的能量卻不相同。因此，1948年的第9屆國際度量衡大會中，決議使用「焦耳：J」作為熱量的單位。標示在食品包裝上的cal，則以每1cal等於4.184J做換算。

能量的單位「焦耳」

「焦耳」（J）不只是熱量的單位，也可以作為所有能量的單位使用。

什麼是卡路里？

1cal是指在標準大氣壓下，使1g水上升1℃所需的熱量（熱能的量）。

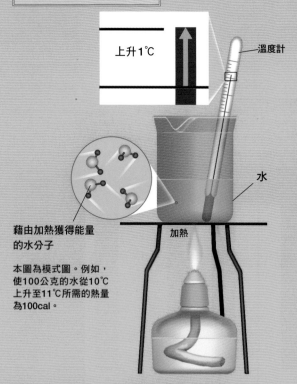

1 卡路里（cal）的熱量

上升1℃

溫度計

藉由加熱獲得能量的水分子

加熱

水

本圖為模式圖。例如，使100公克的水從10℃上升至11℃所需的熱量為100cal。

卡路里和焦耳的關係

食品使用的熱化學卡路里

1 卡路里（cal）＝ 4.184J

食品包裝上標示的cal稱為「熱化學卡路里」。這相當於在標準大氣壓下，使1公克水從16.5℃上升至17.5℃時所需的熱量。

什麼是焦耳？

所謂的1J，是以1N的力使物體移動1公尺所需的能量。所謂的1N，是使1公斤物體得到每1秒都再增加秒速1公尺的加速度的力。假設沒有阻力和摩擦，則以1N的力移動1公尺的物體會得到1J的動能。在物理學方面，對物體施力使其運動，稱為「作功」。

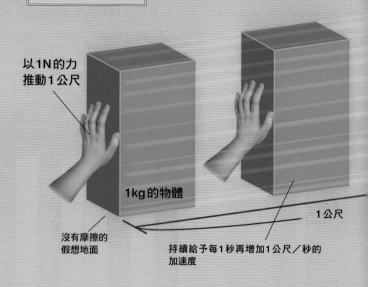

1 焦耳（J）的功

以1N的力推動1公尺

1kg的物體

1公尺

沒有摩擦的假想地面

持續給予每1秒再增加1公尺／秒的加速度

能量會保存著

在我們的日常生活中，推動物體而作功的時候，一旦停止推壓，物體就會停下來不動了吧！這是因為，藉由人作的功而給予物體的能量，由於地面和物體的摩擦而轉換成熱能了。

例如，我們推動物體時的能量要如何表示呢？推動物體的時候，使用的力越強，或是推到越遠的地方，就必須使用越多的能量，也就是說，施力者必須消耗一些能量。另一方面，物理學上稱「施力者作了功」，功（J）的大小即「力×距離（N·m）」。力的單位是牛頓（N），距離的單位是公尺。1J是以1N的力推壓物體移動 1 公尺所作的功，也是施力者消耗的能量。

所謂的能量，原本是指施力使物體運動的本領，也就是作功的本領。例如，運動中的物體具有動能，亦即具有與其他物體碰撞而使其運動的能力。

能量會被保存著

能量可以轉換成各種不同的形態。在轉換之際，它的能量的總量並不會改變，始終被保存著（能量守恆定律）。

例如，在地面上推動物體，物體的運動能量會藉由物體與地面的摩擦而轉換成熱能。火力發電利用燃燒燃料所產生的熱能推動機械（渦輪機）製造出電力。像這樣，能量會不斷地轉換形態，但絕對不會消失[※]。

※能量可以轉變成物質（例如在適當環境下，適當能量的伽瑪射線，會轉變成一對電子和正電子）。能量與質量的這一番變換過程都是在符合相對論的前提下進行，這時候那一對正、負電子的質量能（mc^2）等於伽瑪射線原來的能量，但是質量能包含靜質量能（m_0c^2），因而總能量並未消失。

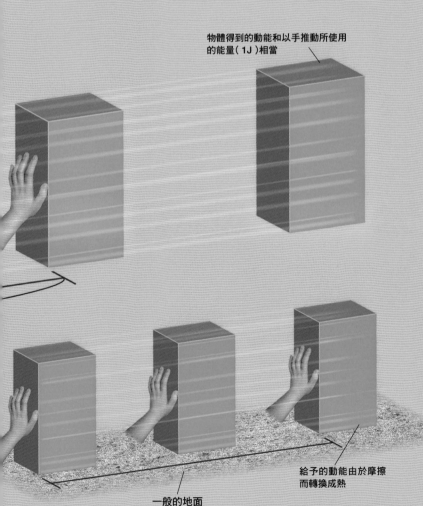

物體得到的動能和以手推動所使用的能量（1J）相當

給予的動能由於摩擦而轉換成熱

一般的地面

位置能量與運動能量

在地球上，位於高處的物體落下時，會因為重力（作用於 1 公斤質量的力為大約9.8N）而獲得動能。這也就是說，位於高處的物體具有潛在的能量。這種能量稱為「位置能量」，或簡稱「位能」。例如，假設在 1 公尺高的地方有一個大約102公克的物體（作用於1kg 的重力為9.8N。1kg＝1000g。亦即，1N的力所作用的質量為1000÷9.8≒102g），則這個物體具有大約 1J（1N·1m）的位能。又例如，一個人把大約102公克的物體往上抬 1 公尺的話，這個人就做了大約1J的功。

大約102公克

往上抬起
1公尺

某個地點和某個地點的電位差

在第30頁曾經介紹，電流之所以會流通，是因為導體內的一部分自由電子一致朝同一個方向流動。那麼，究竟是什麼因素促使這樣的變化發生呢？

在探究電流為什麼會流通的原因時，我們不妨把電流譬喻成河川的水流，就比較容易明白了。河水一定會從高處往低處流，電流也一樣，會從高處往低處流。但是，這個決定電流流動方向的高度，並不是標高的高度，而是「電位」的高度。所謂的電位，是指依據回路的位置而被賦予的能量，越接近正極則越高。電荷具有從電位較高地方流向電位較低地方的性質。

電流容易流動的「坡道」高低差就是電壓

電壓和電流的關係，以水為例比較容易了解

水會從標高較高的地方流向標高較低的地方（左邊插圖），同樣地，電流也具有從電位較高流向電位較低的性質（右邊插圖）。在左邊的插圖中，幫浦是製造水位差的原動力，而製造電壓的原動力則是電池和發電機。把電池拿掉，或電池用久了，電流就會停止。

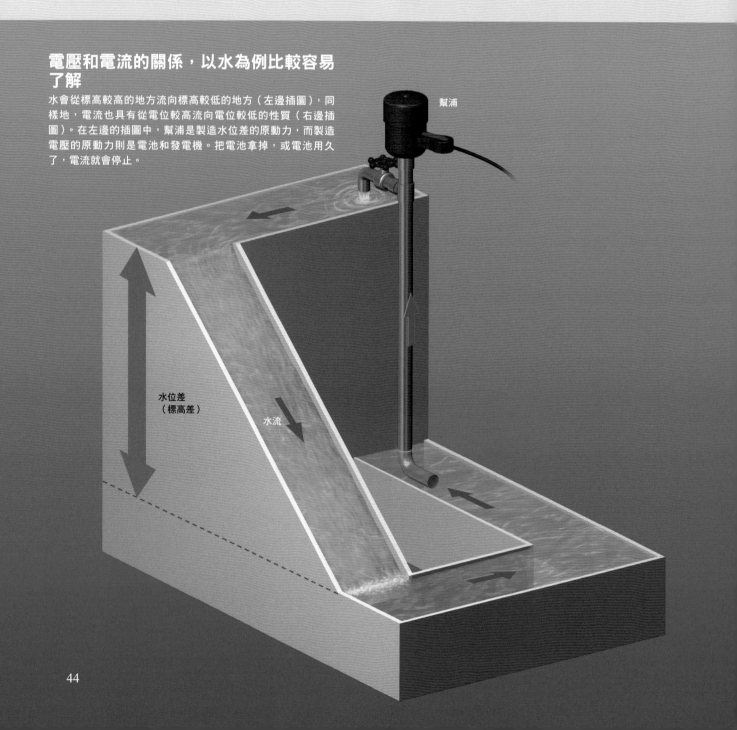

幫浦

水位差
（標高差）

水流

某個地點和某個地點的電位差稱為「電壓」。電壓的單位是「伏特：V」（W/A）。W/A是從電力（瓦特：W）＝電流（A）×電壓（V）的式子變形而來。電壓使電流的通道成為「坡道」，而具有推壓電流流動的作用。落差越大的水路，水流的流勢越強勁；同樣地，電壓越高（電位差越大），推動電流流動的作用越強。

電池的兩極之間會產生電壓

那麼，電壓是如何產生的呢？產生這個電壓的東西，就是電池和發電機之類的器具。電池一端為正極，另一端為負極，正極這邊的電位比較高。因此，如果用電路把兩個極連接起來，就會在電路中製造一個「坡道」，使電流從電位較高的正極流向電位較低的負極。在國小做實驗的時候，把從電燈泡拉出來的導線連接到電池上，電燈泡就會發亮，就是因為電池製造了一個使電流容易流動的坡道。

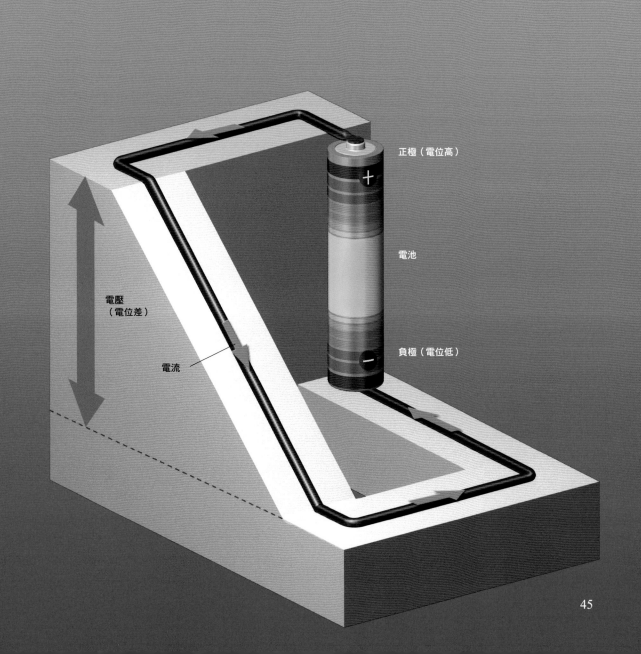

正極（電位高）

電池

負極（電位低）

電壓
（電位差）

電流

表示每秒作了多少功的單位

所謂的「每秒作了多少功」，是用來表示在給定時間內做了多少功的語詞，它也可以說是作功的效率。表示在給定時間之內做了多少功的物理量，則稱為「功率」，所使用的單位是「瓦特：W（J/s）」。

1瓦特是指在1秒鐘內做了1J的功的功率。在第42頁介紹了使物體運動所需要的能量以及熱能等各式各樣的能量，而當我們要表示這些能量在給定時間內消耗了多少時，所使用的單位也是瓦特。

購買電器時，常常會在商品上看到「～W」的標示吧！100W的電燈泡會在1秒鐘內把100J的電能轉換成光或熱的能量。1000W的微波爐使用1分鐘（60秒）會消耗6萬J的能量。

還有，電器的瓦特數，可用「電流」（每1秒流通的電量：A）×電壓（推動電流的作用：V）的式子計算而得（W＝A·V）。瓦特數是每1秒鐘的電能使用量，但這個瓦特數乘上使用時間所得到的數值即為「用電量」，單位是「瓦特時」（Wh）。它是表示所使用的電能總量的單位，各個家庭的電費基本上是依瓦特時（也就是一般所說的「度」）的值來計算。

表示功率的單位「瓦特」也用來表示電力

功率的單位「瓦特：W（J/s）」也會標示在各個家庭中使用的電器上。電器作功的功率簡稱為「電功率」，其值可由電流（A）×電壓（V）的式子計算而得。本頁插圖是以水的流動為譬喻，說明電壓、電流、電功率之間的關係。標高差和水流量越大，則水車越容易轉動；同樣地，電壓和電流越大，則驅動馬達或加熱等功能的效果也越大。不過，所消耗的能量（電力量）也越多。

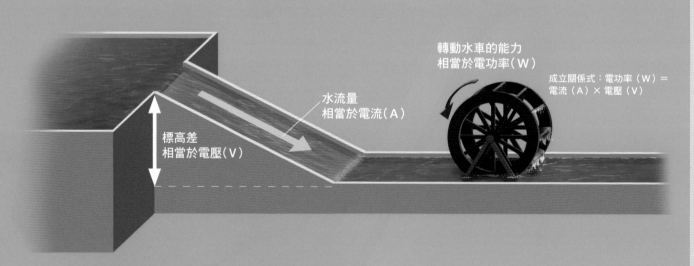

轉動水車的能力
相當於電功率（W）

成立關係式：電功率（W）＝
電流（A）× 電壓（V）

水流量
相當於電流（A）

標高差
相當於電壓（V）

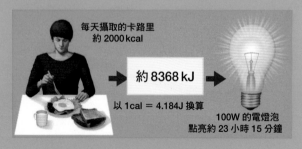

每天攝取的卡路里
約 2000 kcal

約 8368 kJ

以 1cal＝4.184J 換算

100W 的電燈泡
點亮約 23 小時 15 分鐘

我們每天要從食物中攝取大約2000kcal（8368kJ）。這個量相當於能把1秒鐘消耗100J能量的100W電燈泡點亮約23小時15分鐘（約1天）。人1天攝取的能量和100W燈泡1天消耗的能量差不多。

1安培電流在1秒鐘內運送的電荷量

構成我們周遭一切東西的原子，是電中性的粒子。但是，構成原子的質子帶有正電荷，電子則帶有負電荷。

粒子（或是粒子構成的物體）所攜帶的電荷的量（大小），稱為「電荷量」。電量的單位是「庫侖：C（s·A）」。這個單位名稱來自法國物理學家庫侖（Charles Augustin de Coulomb，1736～1806），他發現了在電磁學上非常重要的定律，稱為「庫侖定律」（請詳見第110頁）。

1庫侖的定義是「1安培（A）的電流在1秒鐘內所通過截面的電荷量（即前面介紹的C＝s·A）」。

一般正常的思考流程應該是，首先定義粒子具有的電荷量是什麼樣的東西，然後定義具有電量的粒子的流動（電流）是什麼東西。但事實上，人們卻是在定義了電流之後，才使用這個電流來定義電量。

那麼實際上，質子和電子的電荷值究竟是多少呢？兩者電荷的絕對值相等，都是大約1.6×10^{-19}C，非常微小。只是，質子的電荷為正值，電子的電荷為負值。

表示蓄存著多少電荷的量

用來蓄存電荷的裝置稱為「電容器」。電容器是把兩個導體面對面，利用「靜電感應」的現象，蓄存大量電荷。

帶有正電或負電的物體靠近導體的時候，會使導體內部發生粒子的移動。電荷符號與帶電物體相反的粒子，會聚集在靠近帶電物體的地方；而電荷符號與帶電物體相同的粒子，則會聚集在離帶電物體較遠的地方。這種使物體的內部產生電荷集團的現象稱為「靜電感應」。

電容器裡面，把兩個面對面的導體之間用電路連接起來，然後再施加電壓。這麼一來，電流會依循電壓的方向，想要朝一邊的導體A流去（自由電子沿相反方向朝導體B流去）。但是，導體A和置於其前方的導體B之間空無一物，所以電流流不過去，使得導體A帶著正電荷。導體B則蓄存自由電子而帶著負電荷。接著，蓄存在導體A的正電荷，由於靜電感應，

受到導體B的吸引而想要流過去。只要持續施予電壓，則電壓促使電流流向導體A的作用，以及蓄存在導體A的正電荷被吸向導體B的作用，兩者的大小會變得大致相等，最終導致無法移動。這就是電容器儲存電荷的狀態。

這個時候，電容器蓄存著多少電荷呢？這個量，我們以「靜電容量」（也稱電容）來表示。

電容器中所蓄存的電量，與兩個導體產生的電位差（電壓）成正比。計算電容器所蓄存之電荷的式子是「蓄存的電荷（C）＝比例常數（F）×電壓（V）」。這個時候，比例常數就是電容。這個常數的值，取決於兩個導體的大小、形狀、距離及放入導體間的物質等因素。把這個式子變形，可用來計算電容。「電容（F）＝蓄存的電荷（C）／電壓（V）」。電容的單位是「法拉：F（C/V）」。1法拉是施加1伏特的電壓時蓄存1庫侖電荷的電容。

表示電流流動的困難度（容易度）的單位

在學校中學習與電相關的單位，除了有「安培：A」、「伏特：V」之外，還有「歐姆：Ω（V/A）」。而歐姆是表示電流流動困難度的單位。

在第30頁介紹過，構成導體的金屬原子，雖然排列得井然有序，但不停地在振動。溫度越高，原子的振動越劇烈。失去自由電子而成為帶正電的金屬原子，藉著振動在原來位置附近運動，使得帶著相反電荷（負）的自由電子無法順暢移動。因此，自由電子原本用來移動的能量，有一部分被金屬原子奪走，轉而成為振動的能量。如此一來，一部分的能量會轉變成熱而損失掉。這就是電流的流動產生困難度的原因。

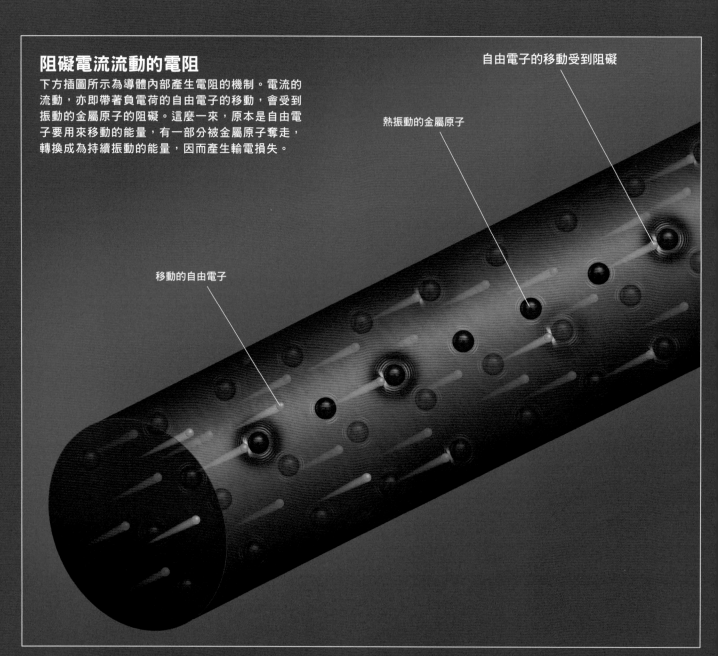

阻礙電流流動的電阻

下方插圖所示為導體內部產生電阻的機制。電流的流動，亦即帶著負電荷的自由電子的移動，會受到振動的金屬原子的阻礙。這麼一來，原本是自由電子要用來移動的能量，有一部分被金屬原子奪走，轉換成為持續振動的能量，因而產生輸電損失。

自由電子的移動受到阻礙

熱振動的金屬原子

移動的自由電子

我們所使用的電器中，電流在透過導線輸送過來的時候，也會因為這樣的阻力而產生「輸電損失」。輸電損失的大小，依照電線的長度、粗細而不同。因此，在19世紀的前半葉，曾經使用「1英里的16號銅線」、「1公里的直徑4毫米的鐵線」等既定種類和長度的金屬線，作為電阻的基準。現在，電阻則使用電流和電壓來下定義：「導線內有1A的直流電流通時，若導線2點間的電壓為1V，則這2點間的電阻（V/A）為1歐姆。」

歐姆的倒數單位表示電流的流動容易度

順帶一提，電阻是表示電流流動困難度的單位，但也有和電阻相反，用於表示電流流動容易度的單位，稱為「電導」，它的值是電阻（V/A）的倒數，單位是「西門子：S（A/V）」。

電阻依輸電所用的導線長度、粗細和材質而改變

透過導線輸電之際，會因電阻產生輸電損失。電阻的大小受到輸電線長度、粗細和材質的影響很大（下方插圖）。不過相反地，也有一些電器是利用電阻所產生的熱。根據焦耳定律（詳見第114頁），發熱量會和電流及電阻成正比而變大。加熱物體時所使用的電熱線，是把電流通入電阻較大的鎳鉻線（鎳和鉻的合金），以獲取較大的發熱量。

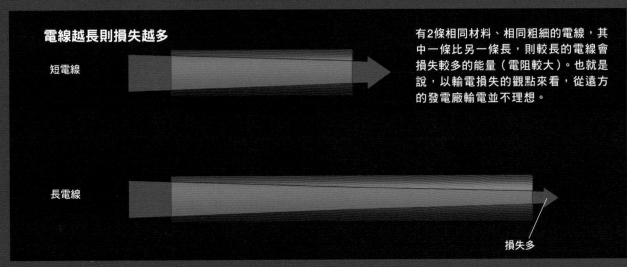

電線越長則損失越多

短電線

長電線

有2條相同材料、相同粗細的電線，其中一條比另一條長，則較長的電線會損失較多的能量（電阻較大）。也就是說，以輸電損失的觀點來看，從遠方的發電廠輸電並不理想。

損失多

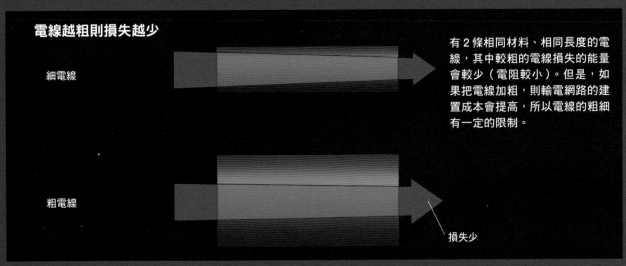

電線越粗則損失越少

細電線

粗電線

有2條相同材料、相同長度的電線，其中較粗的電線損失的能量會較少（電阻較小）。但是，如果把電線加粗，則輸電網路的建置成本會提高，所以電線的粗細有一定的限制。

損失少

表示磁通量的強度和密度的單位

平常或許不太會注意到，但其實在發電廠、醫療機器、身邊周遭的電器中，磁鐵扮演著非常重要的角色。磁鐵互相吸引或者是排斥的力稱為「磁力」，也具有各種單位。

各位有沒有過這樣的經驗呢？把鐵砂撒在磁鐵的周圍，結果鐵砂排列成特殊的圖案。鐵砂是沿著「磁力線」排列，磁力線顯示著磁場（磁力能夠影響的空間）的方向（從Ｎ極出來，進入Ｓ極），並且在磁力較強的磁鐵兩端較為密集。

簡單地說，通過某給定曲面的磁力線數量代表磁場大小，稱為「磁通量」，簡稱「磁通」。表示磁通量的強度單位是「韋伯：Wb（V·s）」。在

這裡，或許有人會覺得磁力單位竟然是由電壓單位「伏特（V）」衍生而來，真是太神奇了。事實上，電和磁有著密不可分的關係，電流周圍會產生磁場，磁力會引發電流。1韋伯定義為「在1秒鐘（s）內使磁通量為0時，在該處產生1V的電動勢（一定的電壓）的磁通量」。也就是剛才介紹的Wb＝V·s。

每單位面積有多少1Wb的磁通量，稱為磁通密度，我們可以用表示磁通密度的單位來表示某個地點的磁場強度。磁通密度的單位是「特士拉：T（Wb/m²）」。1特士拉定義為「與磁通方向垂直的面上，每1m²有1Wb的磁通密度」。

以磁通表示磁場的強度

撒在磁鐵周圍的鐵砂，會沿著磁力線排列成圖案。像磁極這樣，磁力線密集的地方，就是磁場當中磁力作用較強的地方。簡單地說，通過某給定曲面的磁力線數量，代表磁場的大小，稱為「磁通量」，簡稱「磁通」。根據磁力線的密度，可以得知作用於某個地點的磁場強度。磁通強度的單位是「韋伯：Wb（V·s）」，磁通密度的單位是「特士拉：T（Wb/m²）」。

磁鐵和鐵砂造成的磁力線

磁鐵

距離越遠，磁力越弱

小磁鐵

小磁鐵

磁力

磁力

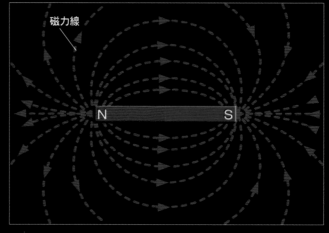

磁力線

N　　　　　　　　S

磁鐵造成的磁力線模式圖
磁力線的方向是固定的，從Ｎ極出來，進入Ｓ極。

求算感應電動勢之際的比例常數

移動磁鐵靠近、遠離線圈，或是把線圈對著靜止的磁鐵移動，會使線圈產生電動勢（感應電動勢），即使不用電池也能產生電流。這種現象稱為「電磁感應」。

另一方面，改變在線圈中流動的電流，也會使貫穿線圈的磁通隨著這個改變而變化。於是在線圈周圍，會因應該磁場變化而產生新的感應電動勢。而這個感應電動勢的作用方向，是阻礙原先產生電流流動的方向，稱為「自感應」。

在線圈新產生的感應電動勢，可以用感應電動勢＝－比例常數×（電流變化／時間變化）

的式子來表示。負號表示感應電動勢是在阻礙電流變化的方向上起作用。這個式子的比例常數，稱為該線圈的「自感」[※]，以「亨利：H（Wb/A）」這個單位來表示。1亨利的定義是「在線圈內流動的電流以每秒鐘1安培（A）的比例變化時，線圈產生的感應電動勢為1伏特（V）的自感」。

[※]在同一個鐵芯上繞2個線圈，如果使其中一個線圈A上流動的電流產生變化，則另一個線圈B會產生感應電動勢，這個現象相對於自感應稱為「互感應」。在求算由於線圈A的電流變化致使線圈B產生的感應電動勢時，比例常數稱為「互感」。單位和自感相同。

電磁感應與電感

如果把磁鐵移動，改變它與線圈的相對位置，會使線圈產生電場（對電荷產生引力或斥力的空間），而有電流流通。另一方面，如果改變電流，則貫穿線圈的磁通會改變，產生新的電動勢，在原本電流流動的方向上產生阻礙。在求取這個電動勢的大小時，該線圈固有的比例常數稱為電感，單位是「亨利：H（Wb/A）」。

線圈製造的磁場

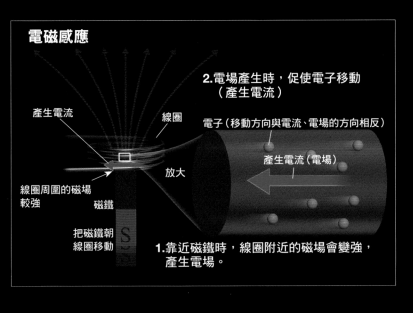

電磁感應

2.電場產生時，促使電子移動（產生電流）

電子（移動方向與電流、電場的方向相反）

產生電流

線圈

放大

產生電流（電場）

線圈周圍的磁場較強

磁鐵

把磁鐵朝線圈移動

1.靠近磁鐵時，線圈附近的磁場會變強，產生電場。

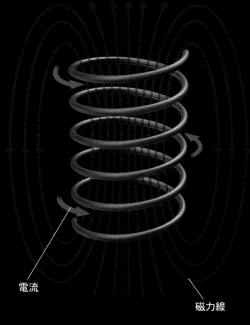

電流

磁力線

使物體加速之力的單位

「孔武有力」、「體力充沛」……，在日常生活中，我們經常使用「力」這個語詞。但是，力究竟是什麼東西呢？

物理世界所使用的「力」，是指驅動某個物體（使其加速）的作用。質量越大的物體，以一定加速度運動所需要的力越大。也就是說，物體的質量與使該物體以一定加速度運動所需要的力的大小成正比。

所施加的力越大，該物體動得越快（加速度越大）。也就是說，力的大小和加速度成正比。由上述可知，施加於物體的力、物體質量、產生的加速度之間具有密切的關係，可以使用力＝質量×加速度這個式子來表示，稱為「運動方程式」。

現在，國際間通用的力的單位是「牛頓：N（kg·m/s^2）」。1牛頓定義為使質量1kg的物體產生1m/s^{2}的加速度的力。日本自1999年起，開始使用牛頓作為力的單位。在此之前，力的單位則是採用與質量有關的重力為基準的「kg重」以及「達因」（dyne）等單位（請詳見第74頁）。

乒乓球

以相同的力推送，質量較小的乒乓球比較容易移動（加速度比較大）

鐵球

運動方程式

$$F = ma$$

力　　　　　　質量　加速度

力的大小與物體的質量及加速度成正比

所謂的力，是指驅動物體（使其加速）的作用，與運動物體的質量及加速度成正比（上方式子）。力的單位名稱「牛頓」來自發現萬有引力的科學家牛頓（Isaac Newton，1643～1727）的名字。

天氣預報經常看到的國際性壓力單位

與力有關的重要單位，還有壓力的單位。所謂的壓力，是指每單位面積所施加的力的大小。即使是相同的力，施加在大面積上則壓力較小，施加在小面積上則壓力較大。全身的體重壓在運動鞋的大底面上，和相同的體重壓在高跟鞋的尖鞋跟上，兩者相比，後者的壓力大得多，難怪高跟鞋穿久了會腳痛。

國際間通用的壓力單位是「帕斯卡：Pa（N/m^2）」。1帕斯卡是在1m^{2}的平面上施加1N的力時的壓力。氣象預報中經常看到的氣壓單位「百帕」，是表示100倍帕斯卡的大小。

在日本國內，原先的壓力單位也和力的單位一樣，最近才開始轉換使用。直到現在，在各個領域中，仍然有許多不同的壓力單位正在使用中（詳見第67頁）。

把圓的1周訂為2π 的角度單位

我們通常用度數表示一個夾角之大小，這時候是把從圓心看整個圓周的角度（全圓周的圓心角）訂為360度。360度這個數值具有非常特別的意義。但是在利用三角函數的時候，大多採用「弧度法」來表示角度，這個方法不必把全圓周的圓心角訂為特定的值。

弧度法使用「弧度：rad」作為角度的單位。1弧度是從圓心看長度與圓半徑相等的圓弧的角度。這個時候，圓的半徑可以是任何值，但為了處理方便，通常把半徑設為1，則圓弧長度為1的扇形的圓心角為1弧度。

於是，圓心角與所對的圓弧長度成正比。例如，半徑1的圓，其圓周的長度為2π，所以圓周的圓心角為2π rad。如果是半徑1的圓的半圓弧，它所對的角度為180度，所以，180度為2π÷2＝π rad。90度為其再一半的圓弧所對的角度，所以90度為 $\pi \div 2 = \frac{\pi}{2}$ rad。

這個角度是表示圓中扇形頂點所開展程度的平面角度（也稱為「平面角」），而表示球中頂點的開展程度的立體角度則稱為「立體角」，單位是「球面度：sr」。

想像在球的表面畫一個圖形，以直線連接球的中心（球心）與該圖形的周圍而構成一個錐。假設有一個球，球的半徑是多少都沒有關係，但是為了處理方便，把球的半徑設定為1，那麼球面上面積為1（1^2）的圖形所構成的錐，它的頂點的立體角為1球面度。立體角的大小，與球面上的圖形的面積成正比，從球心看的球全體的立體角為4π sr。

弧度法是運用角度與距離的關係，這個概念也運用在表示天體的周年視差（某個時候看到的天體在半年後偏移的角度的一半的量）。利用周年視差，可以計算該天體的距離。

周年視差為1角秒（1度的 $\frac{1}{3600}$），亦即 $\frac{\pi}{648000}$ 弧度的時候，該天體與太陽的距離為1秒差距（parsec）（詳見第68頁）。

弧度法的定義

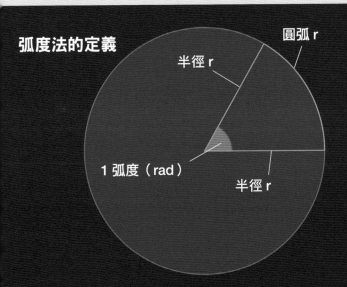

圓弧 r
半徑 r
1 弧度（rad）
半徑 r

平面角（弧度：rad）

半徑 r 的圓中，圓弧長度也是 r 的扇形，它的圓心角為1弧度。圓心角的大小與該圓心角所對的扇形的圓弧長度成正比。長度為半徑 r 的2倍的圓弧，其所對的圓心角的大小為1弧度×2＝2弧度。長度為半徑 r 的 $\frac{1}{2}$ 倍的圓弧，其所對的圓心角的大小為1弧度× $\frac{1}{2}$ ＝ $\frac{1}{2}$ 弧度。還有，全圓周的圓弧長度為2π r，是半徑 r 的2π倍，所以圓心角為1弧度×2π ＝2π弧度。

立體角（球面度：sr）

想像在球的表面畫一個圖形，球心和該圖形構成一個錐。假設有一個半徑 r 的球，球面上的圖形面積為 r^2 的錐的頂點角度（立體角）為1球面度。立體角的大小，與球面上的圖形的面積成正比。球全體的表面積為4π r^2，是 r^2 的4π倍，所以從球心看的球全體的立體角為1球面度×4π＝4π球面度。

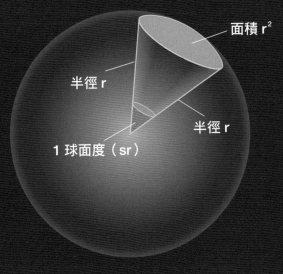

面積 r^2
半徑 r
半徑 r
1 球面度（sr）

光源發出的全部光量／光照射之平面的亮度

在第36頁，介紹了表示光源本身亮度（光源發出的光量）的光度單位「燭光」。不過，說到光量，燭光是表示每單位立體角（1球面度）的光量單位，即使是發出同樣光量的光源，以小角度發出和以大角度發出相比，前者的光度比較大。以燭光來說，就是前者的光源比較亮。實際觀看這樣的光源，應該會感覺前者比較耀眼吧！

但是在日常生活中，有許多場合，光的擴散方式並無關緊要，而是光源發出的全部光量比較重要。用來表示對象的全部光量的單位稱為「光通量」，單位是「流明：lm（cd·sr）」。熟悉流明的人，或許會比熟悉燭光的人還要多吧！如果暫且不管光是以小角度發出或以大角度發出，而是想要知道全部有多少光發出的話，使用流明這個單位就對了。大多數電燈泡

和日光燈上也會有～lm的標示。1流明的定義為：從1燭光（cd）的光源在1球面度（sr）內發出的光通量（cd·sr）。

此外，即使是以同樣亮度的光源照射對象，被照射對象的亮度也會依光源與對象的距離而有所不同。光照射到某個平面上時，該平面的亮度稱為「照度」，單位是「勒克司：lx（lm/m^2）」。1勒克司是指「以1流明（lm）的光通量均勻照射1m^{2}的平面時的照度」。

這個照度和亮度之間成立一個重要的定律。光源的光是距離光源越遠則越擴散，擴散程度與距離平方成反比。也就是說，與光源垂直的平面照度會和該平面與光源距離的平方成反比而變暗。

照度與光度的關係

本圖所示為光度與照度的關係。光源本身的亮度稱為「光度」，光源發出的光照射某個平面時的亮度稱為「照度」。與光源的距離增為2倍，則受光照射的面積增為4倍（2倍的平方）。因此，該平面上的照度減為4分之1。

利用這個定律，我們可以依據遠方天體的視覺亮度（視亮度），推算地球與該天體的距離。

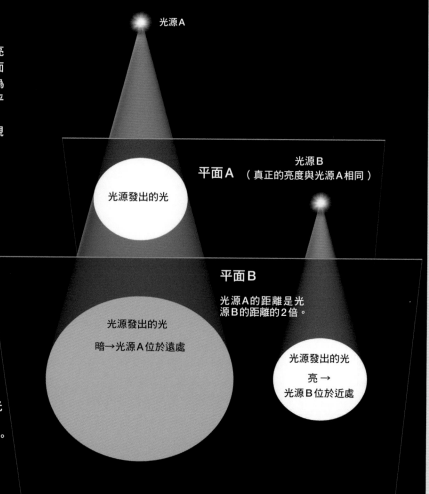

光源A

光源B
（真正的亮度與光源A相同）

平面A

光源發出的光

平面B

光源發出的光
暗→光源A位於遠處

光源A的距離是光源B的距離的2倍。

光源發出的光
亮→
光源B位於近處

平面B與光源的距離是平面A的2倍，受光照射的面積是4倍。

　　　→視亮度是4分之1。

酵素促使物質發生化學反應的能力

　　我們的體內，不斷地在進行各種化學反應，例如分解食物、進行解毒等等。這些化學反應能夠順利進行，「酵素」可謂功不可沒。酵素是促使特定化學反應發生的蛋白質。

　　包含在唾液之中可以分解澱粉的「澱粉酶」（amylase，澱粉酵素）、含在胃液中可分解蛋白質的「胃蛋白酶」（pepsin）等等，也是酵素的一種。此外，生病時吃的藥物、洗潔劑等

等，也是利用酵素的作用。

　　不同種類的酵素，能對不同的物質（基質）發揮作用。酵素對基質起作用而促發化學反應的能力，以「酵素活性」來表示，單位是「開特：kat（mol/s）」。這是表示酵素在給定時間內對多少量的基質產生作用的單位。1開特是指酵素每1秒鐘對1mol基質發揮了促發化學反應的作用。

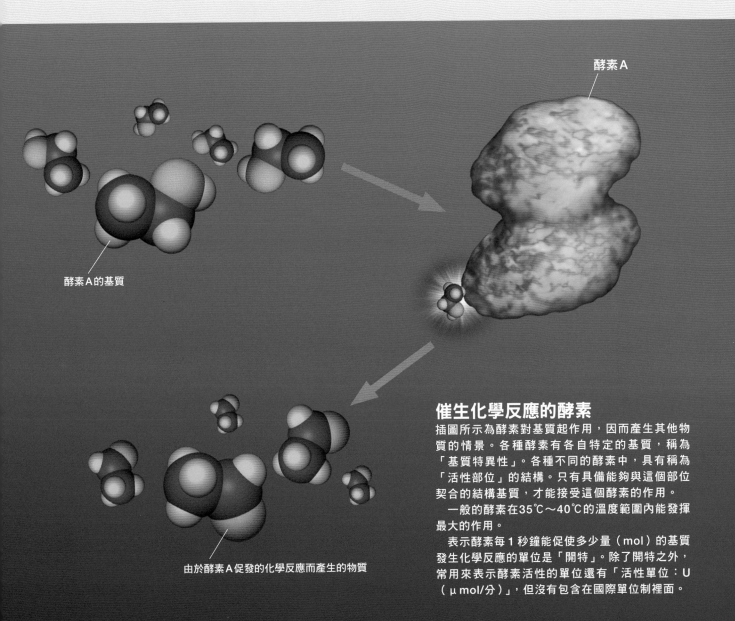

酵素A

酵素A的基質

由於酵素A促發的化學反應而產生的物質

催生化學反應的酵素

插圖所示為酵素對基質起作用，因而產生其他物質的情景。各種酵素有各自特定的基質，稱為「基質特異性」。各種不同的酵素中，具有稱為「活性部位」的結構。只有具備能夠與這個部位契合的結構基質，才能接受這個酵素的作用。

　　一般的酵素在35℃～40℃的溫度範圍內能發揮最大的作用。

　　表示酵素每1秒鐘能促使多少量（mol）的基質發生化學反應的單位是「開特」。除了開特之外，常用來表示酵素活性的單位還有「活性單位：U（μmol/分）」，但沒有包含在國際單位制裡面。

與放射活性有關的各種單位

日本發生福島核能電廠的事故之後，與放射活性有關的各種單位「貝克」、「西弗」等等頓時受到了注目。這些單位究竟是用來表示什麼東西呢？

原本，放射活性是指碘-131、銫-137、鈾、鐳等放射性物質的原子核發生衰變放出放射線的能力。表示這個能力的強度單位為「貝克：Bq」。1貝克是放射性物質在1秒鐘內有一個原子會衰變的意思。

我們更在意的是，人體及周遭物體被放射線照射到時，會吸收多少放射線的能量呢？這個是用「吸收劑量」來表示，單位是「戈雷：Gy」。1戈雷是指1kg物質吸收相當於1J的能量時的吸收劑量。

表示放射性物質的量、放射線的吸收量、對生物的影響的單位

放射性物質在原子核衰變時會放出阿爾法射線、貝他射線、伽瑪射線等放射線。放射線具有傷害構成生物體的細胞及攜帶遺傳訊息的DNA的危險性。因此，萬一發生大量放射性物質擴散的狀況時（核能事故等等），知道放射性物質有多少量、被照射到的物體吸收了多少放射線的能量、被吸收的放射線能量會對生物產生什麼影響，是非常重要的事。在國際間已經建立了表示這些數量的單位。

Bq、Gy、Sv 的關係

「貝克（Bq）」是1秒鐘內會衰變而放出放射線的原子數。放射線照射到物體時，每1kg物體所吸收的能量為「戈雷（Gy）」。把「射質因數」（不同種類的放射線對生物影響的程度），乘上戈雷所得到的數值為「西弗」（Sv）。戈雷大多依單位面積、單位體積、單位質量來表示，西弗大多依單位時間來表示。

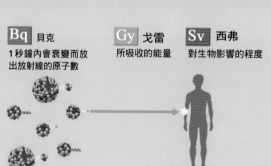

Bq 貝克	**Gy** 戈雷	**Sv** 西弗
1秒鐘內會衰變而放出放射線的原子數	所吸收的能量	對生物影響的程度

Bq/m²	Bq/l	Bq/kg	Sv/h	Sv/年
（每1平方公尺）	（每1公升）	（每1公斤）	（每1小時）	（每1年）

測量放射線對我們身體的影響的單位

不過，放射線對生物的影響的大小，並不是只依生物所吸收的放射線量來決定。放射線的種類不同，能量的施予方式隨之不同，導致對生物的影響也不盡相同。「生物等效劑量」就是把放射線的種類納入考量，而表示其對生物的影響大小。生物等效劑量就是「吸收劑量」與「射質因數（考量放射線種類所造成的效應之差異的係數）」之乘積，其單位是「西弗：Sv」。

此外，吸收劑量是在推斷受到大量放射線照射時，在數小時至數星期以內出現急性症狀的「確定性影響（白血球減少、臟器壞死等）」時使用。另一方面，生物等效劑量則是在推斷受到大量放射線照射而經過數年後可能發生的「機率性影響（癌症、白血病等）」時使用。

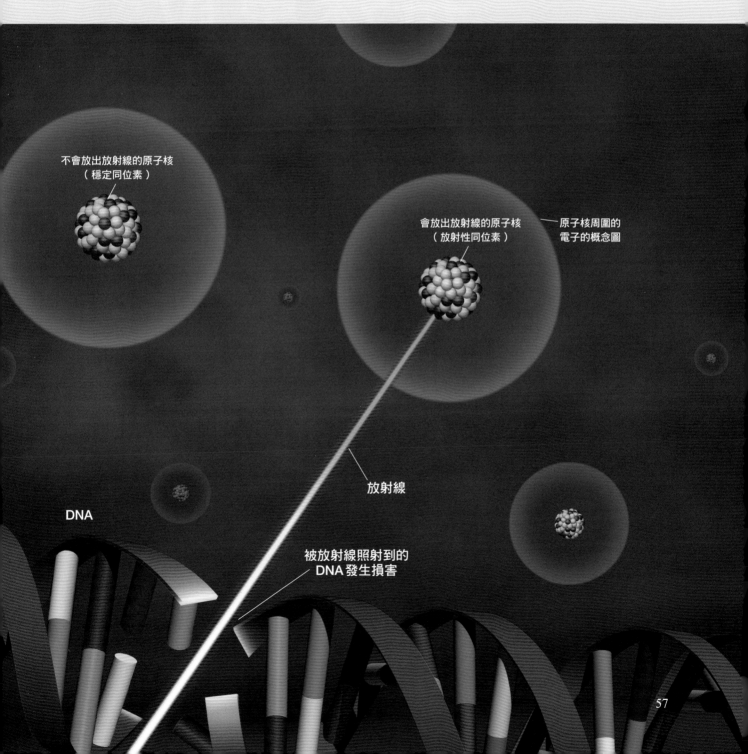

不會放出放射線的原子核
（穩定同位素）

會放出放射線的原子核
（放射性同位素）

原子核周圍的
電子的概念圖

放射線

DNA

被放射線照射到的
DNA發生損害

特殊單位

協助　日本氣象廳地震火山部／佐藤一郎／藤井賢一／鄉田直輝

在第1～2章，介紹了全球通用的國際單位制。不過，我們平常接觸到的單位當中，還是有許多並不屬於國際單位制，例如：「公升」、「英里」、「卡路里」等等。

　在第3章，將會介紹分別彙整了表示長度的各種單位、表示質量的各種單位的換算表。此外，也會介紹一些具有特定用途的特殊單位。

震度	兩	容積的單位
地震規模（M）	克拉（car，ct）	質量的單位
資訊量（位元：bit）	毫米水銀柱（mmHg）	力的單位
海里	埃（Å）	壓力的單位
節（kn）	天文單位（au）	黏度的單位
重力加速度（Gal）	光年	磁學的單位
旋轉速度（rpm）	秒差距（pc）	能量的單位
特克斯（mg/m）	長度的單位	功率的單位
噸（T）	面積的單位	溫度的單位
		光的單位

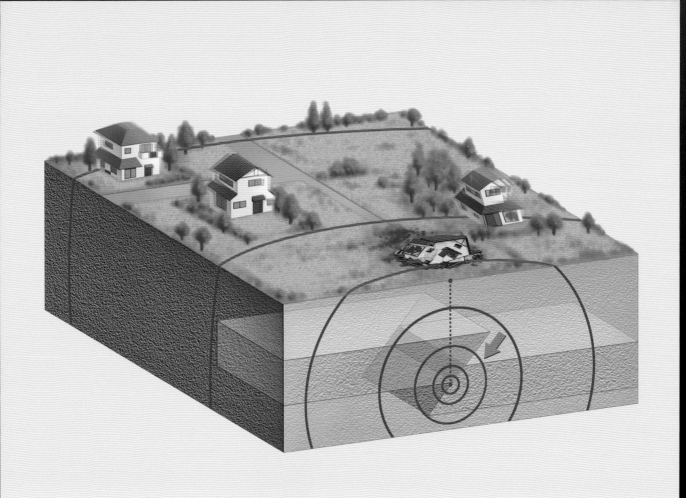

表示搖晃程度的震度、表示每次地震所釋放能量大小的地震規模

發生地震的時候，氣象局就會發布震度和地震規模。

地震規模表示地震時由震源釋放能量的大小。相對地，震度是表示各地的搖晃程度。對於一次地震，地震規模的值只有一個，而震度則每個地方各不相同。

氣象局發布的震度，以前是依據人體感受的程度來決定。現在，加速度計已能精細測量地震時的地動加速度（地面搖晃的加速度），而人體對於地震的感受反映的是人體當時的加速度，所以震度可根據加速度值來量化，由小到大以正整數表示，如本頁的交通部中央氣象局的地震震度分級表。

由於地震的搖晃程度會因各地的地質狀況等因素而不同，所以就算是極為鄰近的地方，也可能會有1級的差異。

地震規模有好幾種

發生地震的時候，由震源釋放許多能量，這能量傳播出去，而使沿途各地搖晃起來。震源釋出的能量愈多，搖晃的區域愈廣，造成的傷害愈嚴重。為了反映受影響的區域大小和損害程度，科學上引進了「地震規模」的觀念，而且可以根據地震儀的紀錄（最大振幅及地震波形全貌）進行計算。計算的方法有好幾種，例如公認最標準的一種是「地震矩規模」（Mw，moment magnitude scale）。這是推定岩盤在多大範圍中偏移了多大程度的地震基本現象，依此進行計算，所以能夠更正確地表示地震的規模。但是目前世界所通用的「地震規模」則為芮氏規模（ML），乃美國地震學家芮氏（Richter）於1935年所創。

日本採用「氣象廳地震規模」，利用自己的獨特方法計算地震的規模。氣象廳地震規模能夠迅速計算出與地震矩規模大致相同的值。利用這個計算的快速性，可以立即地進行海嘯的預測等等。不過，在發生巨大地震時，氣象廳地震規模有可能會低估它的規模。如果遇到這種情形，也會一併發布地震矩規模。

震度的分級

到1996年為止的110年以上的時間，震度是根據人體對於搖晃的體感來表示。即使是同一次地震，也會由於距離震源的遠近、該地的地盤搖晃容易度等因素，而有不同的值。從1996年開始，改為依據地震儀的測量結果計算出震度。下方的表是交通部中央氣象局於2000年8月1日公告的地震震度分級表，它顯示各種震度和搖晃程度、地動加速度等的關係。日本另有其震度分級定義，其他國家則採用「修訂麥加利地震烈度表」（Modified Mercalli intensity scale）等其他的震度分級。

震度	狀況
0	人無感覺。
1	人靜止可感覺微小搖晃。
2	大多數的人會感覺到搖晃，睡眠的人有部分會醒來。電燈等懸掛物會有些小搖晃，靜止的汽車有小搖晃，像是卡車經過般，不過搖晃時間很短。
3	幾乎所有人都感覺到搖晃了，甚至有人會感到恐懼。房屋震動，碗盤、門窗發出聲音，懸掛物搖擺。靜止的汽車明顯搖晃、電線略有晃動等。
4	有相當程度的恐懼感，部分的人會尋求躲避的地方，睡眠中的人也幾乎都會驚醒。房屋搖動甚烈，少數未固定物品可能傾倒掉落，少數家具移動，可能有輕微災害。汽車駕駛人略微有感，電線明顯搖晃，步行中的人也感到搖晃等。
5	大多數的人會感到驚嚇恐慌。部分牆壁產生裂痕，重家具可能翻倒。汽車駕駛人明顯感覺地震，有些牌坊煙囪傾倒。
6	搖晃劇烈，以致站立困難。部分建築物受損，重家具翻倒，門窗扭曲變形。汽車駕駛人開車困難，出現噴沙現象等。
7	搖晃劇烈，以致無法依意志行動。部分建築物受損嚴重或倒塌，幾乎所有家具都大幅移位或摔落地面。山崩地裂，鐵軌彎曲，地下管線破壞等。

※摘自交通部中央氣象局地震震度分級表。

震度和地震規模的關係

一般來說，距離震源越遠，搖晃程度會越小，震度也越小。不過，由於各地的地質構造不同，導致搖晃的容易度不一樣，所以即使 A、B 兩地與震源的距離相同，震度也可能不一樣。

震度 3

震度 6

距離震源越遠，震度（搖晃程度）越小。

距離震源越近，震度（搖晃程度）越大。

倒塌的木造建築物

震央（震源正上方的地面點）

如果岩盤大幅錯動，會造成地震規模變大。

岩盤

震源（破壞的開始點）

震動朝四面八方擴散出去。

地震矩規模的計算

地震是岩盤受力而扭曲變形，終致一舉破壞而發生錯動所引發。因此，「被破壞的岩盤面積」×「岩盤錯動的量」×「岩盤的硬度」是最常用來表示地震大小的量。依據這些推定值所求算出來的結果，就是「地震矩規模（Mw）」。不過，地震矩規模需要複雜的計算，必須花費很長的計算時間。而且，計算所需的地震儀的波形（長週期的地震波），如果地震的大小沒有達到一定的程度以上就無法清楚觀測，所以無法計算小型地震。日本氣象廳是採用自有的「氣象廳地震規模」，能快速計算出與地震矩規模大致相同的值。

地震規模的大小

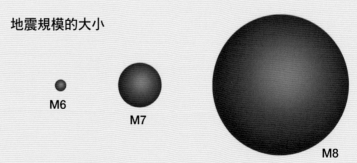

M6

M7

M8

本圖是以球的體積來表示M6、M7、M8的地震能量的大小。地震規模提高 1 級，能量增加約32倍；提高 2 級，則能量增加約1000倍。順帶一提，地震規模小 1 級的話，發生頻率會增加10倍。

電腦領域中表示資訊量的單位

使用電腦或行動電話時，常常會看到或聽到位元（bit）或位元組（byte）等術語。這些是表示資訊量的單位。那麼，資訊量是什麼呢？

假設我們在一個電路上安裝一個開關。這麼一來，這個電路就可以具有「電流流通的狀態」和「電流不流通的狀態」這2種狀態。

電腦運作基本上就是把無數個這樣開關的「開」或「關」組合起來，藉此來處理資訊。因此，如果是只有一個開關，就會成為最基本的「資訊單位」，稱為「bit」。所謂的bit，是binary digit（二進位制的1個位數）的縮寫。

像開關的開或關這樣的二選一的資訊，可以轉換成只使用0和1這2個數字的「二進位制」，所以給予這個名稱。

8 bit是1 byte

那麼，我們來思考一下，處理文字這種資訊時的情況吧！利用電腦處理文字的時候，必須預先對所有種類的文字給予不同編號。1 bit可以表現2種資訊，所以如果假設這個世界上只有A和B這2種文字，那麼只需1 bit就能對應所有種類的文字。但是，實際上需要多少bit呢？

1byte是英語的1個文字的資訊量

1bit是資訊的最小單位，意思是只有1個像開關的開、關一樣的二選一的資訊。把8個1bit的資訊配成一組的狀態，稱為1byte。1byte也可以用二進位制的8位數字來表現，它的樣式一共有256種。這就表示，可以用1byte區分256種資訊。在英語圈，使用1byte（256種）對應所有種類的文字和符號，1byte的資訊量相當於1個文字。例如，「Newton」這個單字有6個字母，所以有6byte的資訊量。又，據說byte這個名稱是模仿bite（一咬）而創造的。

電腦螢光幕上的畫面資訊，是以微小的「畫素（pixel）」的集合體來呈現。在大多數場合，要呈現一個畫素，必須要有對應於紅、綠、藍3種顏色的3byte資訊量。

什麼是「bps」？

bps是資訊通訊的速度單位之一。bps是「bit per second」的縮寫，用來表示1秒鐘內收發多少bit的資訊。由於1個文字是8bit，所以1bps表示收發1個文字需要8秒鐘的時間。bps的值越高，則通訊速度越快。

什麼是KB、MB、GB？

這裡的B是指byte。為了容易和bit區別，大多數場合以大寫字母的B來表示byte。K、M、G有時候和一般使用的kilo、mega、giga一樣，代表1000倍、100萬倍、10億倍，但有時候則代表1024倍、104萬8576倍、10億7374萬1824倍，很容易混淆不清。為什麼要採用這種乍看之下曖昧不明的數字呢？這是因為電腦採用二進位制，為求比較容易施行作業，所以使用可記成2的連乘的1024（2^{10}）取代1000作為基準。M是1024×1024＝104萬8576倍，G是1024×1024×1024＝10億7374萬1824倍。不管哪一種，在我們日常生活的使用上，把K、M、G當成千倍、百萬倍、十億倍，並不會造成什麼問題。

1bit可以區分2種資訊
1byte是8bit，對應256種資訊

1bit是二進位制的1位數，具體而言，可以表現「0」和「1」共2種資訊。2bit是二進位制的2位數，可以表現「00」、「01」、「10」和「11」共4種資訊。3bit是二進位制的3位數，可以表現「000」、「001」、「010」、「011」、「100」、「101」、「110」、「111」共8種資訊。像這樣，bit的數量每增加1個，能表現的資訊種類就增加為2倍。通常，把8bit配成一組，稱為1byte，可用來表現256種資訊。

1 bit …… $\binom{0}{\text{or}}_{1}$

1 byte …

1bit	1bit	1bit	1bit	1bit	1bit	1bit	1bit
0 or 1	0 or 1	0 or 1	0 or 1	0 or 1	0 or 1	0 or 1	0 or 1
2種×	2種×	2種×	2種×	2種×	2種×	2種×	2種

= 256種

以英語圈而言，它的字母是26種文字。分為大小寫，加上數字及各種符號，還有特殊用途的文字等等，7bit（可對應128種文字）已經綽綽有餘。不過，目前一般採用的方式是以可對應256種文字的8bit為標準。

像這樣，為了對應所有種類文字所需的bit數，稱為1byte。我們用1byte來對應1種文字。現在，一般而言，1byte是8bit。但是日語的平假名、片假名、漢字的文字種類比較多，所以使用2byte（可對應256×256＝65536種文字）來對應1種文字。也就是說，這篇文章的文字（約1000多個字）資訊量為2000byte左右。

圖像也可用bit來表現

電腦等的螢光幕上所顯示的圖像是微小的點（畫素）的集合。每一個畫素都分別被指定了某種顏色。

可是，這個時候，必須分別指定紅、綠、藍這3種原色光各自的顏色。顏色的指定，通常是依電腦機種等因素而定，但在大多數情況下，是把3原色的各色都分為256個色階分別加以指定。

這個256個色階，相當於8bit（1byte）的資訊量。也就是說，要在螢光幕的畫面上表現1個畫素，需要3byte的資訊量，而這時能夠表現的顏色是256個色階（紅）×256個色階（綠）×256個色階（藍）＝1677萬7216種顏色。

「Newton」有6個字母，所以有6byte的資訊量
下圖所示為對應於「N」、「e」、「w」、「t」、「o」、「n」這6個文字的二進位制8位數。1個文字具有1byte的資訊量，合計6byte。

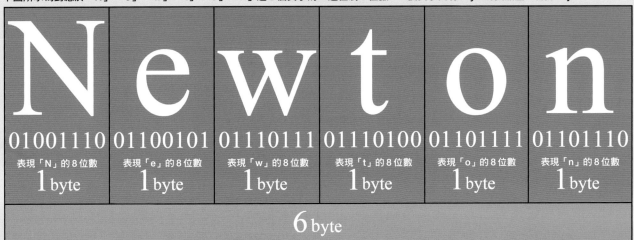

N	e	w	t	o	n
01001110	01100101	01110111	01110100	01101111	01101110
表現「N」的8位數	表現「e」的8位數	表現「w」的8位數	表現「t」的8位數	表現「o」的8位數	表現「n」的8位數
1 byte	1 byte	1 byte	1 byte	1 byte	1 byte

6 byte

畫面上的圖像是1個畫素有3byte的資訊量 在電腦的畫面上，圖像是以微小的點（畫素）的集合體來呈現。每一個畫素由紅、綠、藍的三原色光組成，大多各自分為256階的「色階」來呈現。在這種情況下，一個畫素需要3byte的資訊量。

把畫面放大

電腦的圖像是微小的點（上圖為正方形）的集合體

色階的編號

紅 174 255 / 0　1 byte

綠 49 255 / 0　1 byte

藍 31 255 / 0　1 byte

3 byte

能顯示
256×256×256＝
16777216種顏色

註：上述為在螢光幕上顯示的情況，但圖像資料本身，基本上也是採取各個畫素分別指定顏色的方式。
　　不過，一個畫素是否為3byte，則依該圖像的形式等因素而有所不同。

海里

　　航海路線和航空路線等方面，在表示跨越地球遠方的大距離時，會使用「海里」這個單位。最初，海里的基準是緯度。

　　當人類想以寬廣的視野知道自己在地球上的位置時，經常以經度和緯度作為標示位置的刻度。經度可以由通過極地而與赤道垂直相交的經線求得，緯度可由與赤道平行的緯線求得。設赤道的緯度為0度，北極和南極的緯度為90度，再加以分割。1度又分為60分的更小單位。1海里定義為緯度1分的距離。但是，地球並不是完美的球形，而是略呈扁平，因此在各個不同緯度的地點，海里的長度會不一樣。也因此，在1970年，決定以1852公尺作為海里的國際基準。

船隻在海上航行時，使用「海里」作為距離的單位。

節（kn）

　　「節：kn」是用來表示船、飛機、風、海流的速率單位之一。1節為在1小時內行進1海里（1852公尺）的距離速率。單位名稱「節（knot）」來自繩結。把長繩子以一定的間隔打很多個繩結，要測量船的速度時，把打結的長繩子從船上拋入海中隨海水流動，計數一定時間內流走多少個繩結，就得知此船的速率。

伽（Gal）

　　當地震發生的時候，地震搖晃的加速度是用「伽：Gal」這個單位來表示。加速度是指每個給定時間內的速度變化量。1伽是速度在每1秒增加1cm/s的加速度。計算震度時，加速度是不可或缺的要素。與地震觀測相關的加速度，是地表的鉛直方向加速度、以及與其直交的2個水平方向加速度。以各個方向上記錄到的加速度最大值，作為公布的「最大加速度」的值。此外，也會計算出3個方向合成的最大加速度。2011年發生的東日本大震災，岩手縣的最大加速度（3個方向合成）超過1000Gal。這個單位原本是CGS單位制中表示加速度的單位，但現在除了地震的加速度以外，已經很少使用了。也順便說一下，這個單位的正式名稱為「伽利略」（galileo），源自義大利天才科學家伽利略（Galileo Galilei，1564～1642）。

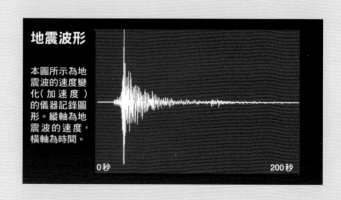

地震波形

本圖所示為地震波的速度變化（加速度）的儀器記錄圖形。縱軸為地震波的速度，橫軸為時間。

0秒　　　　　　　　　200秒

轉速（旋轉速度）（rpm）

CD、DVD、藍光、電腦的硬碟等用於記錄資訊的圓盤，會以旋轉的方式把寫入（記錄）的資訊讀取出來（再生）。各種圓盤的轉速因商品的種類而異，如果沒有依照規定的轉速轉動，就無法正確地讀取資訊。

「rpm」是用來表示轉速的單位之一。1rmp是指1分鐘旋轉1次的速度。

特克斯（mg/m）

衣服等物品所使用的絲線的粗細，也是有獨特的單位。測量絲線的直徑並不容易，所以改為取一段特定長度的絲線，測量它的質量。這種方法稱為「定長制」。「特克斯：mg/m」即為採用這個方法來表示絲線粗細的單位之一，1mg/m相當於「長度1公尺的絲線的質量為1毫克時的粗細」。特克斯的英文為「tex」，源自織物的英文「textile」。這個單位是由ISO（國際標準化機構。制訂全部產業的國際規格的機構，但電器與通訊的領域除外）所制訂。此外，蠶絲及尼龍纖維等「細絲」也會使用獨特的單位「丹尼：D，d」。1丹尼（denier）是指450公尺長的絲重為0.05公克時的粗細。

測量絲線粗細的方法，還有取一個特定質量，再測量它的長度的「定重制」。「支」（count）是定重制採用的單位之一，依絲的種類（棉、麻、毛）而有3種不同的基準。「棉支數」和「麻支數」是依碼磅制（英制）做計算，棉支數這個基準的1支，是每1磅長840碼（詳見第70～73頁）；若長度為2倍（2支），則絲會變細。「毛支數」是依公制做計算，1支為每1公斤長1000公尺。

日本國內，還有用於表示紗窗及篩子等的網眼粗細的單位「目：#」（mesh）。目表示1英寸（詳見第70頁）之中的網眼數，值越大就表示網眼越多，亦即網眼越細密。

噸（T）

眾所周知，噸是用於表示質量的單位（詳見第73頁），但除此之外，它也是用於表示船隻體積的單位。1噸的大小，以立方公尺來換算的話，$1T = \frac{1000}{353} \approx 2.8329m^3$。船隻的體積有幾種不同的表示方法，例如，「總噸」是指整艘船的體積，而「容積噸」則是指船隻所載運的貨物的容積。

兩

「兩」是日本自古以來的獨特質量單位（詳見第73頁）。雖然現在的日本已經很少聽到這個單位，但其實「兩」仍然是一個世界通用的單位。珍珠的質量是用「兩」來表示。明治26年（1893年），御木本幸吉成功地建立了珍珠的養殖業，使日本成為珍珠交易的中心。當時用來表示珍珠質量的單位「兩」，直到現在仍然在使用中。1兩＝3.75g。

表示鑽石質量的單位

　　鑽石在市場流通的時候，會使用稱為「鑽石4C」的基準，來評價它的品質。4C就是表示傷痕及雜質的「淨度（clarity）」、表示顏色的「成色（color）」、「切工（cut）」，以及表示大小的「克拉（carat）」。

　　「克拉：car、ct」是表示鑽石的質量的單位，1克拉相當於0.2公克。「克拉」的名稱源自「長角豆」（學名：*Ceratonia siliqua* L.），早期鑽石的計量是用這種豆子稱重。截至目前為止，

所發現的最大鑽石是「庫利南（Cullian）」，重達3106克拉（621.2公克）。

　　科學家認為，在地球內部越深的地方，溫度和壓力越大。而高壓和高溫以及長久的時間，似乎是鑽石的晶體成長不可或缺的要件。

　　科學家認為，在地下深處，有大量的碳（鑽石的材料）熔化而成的液體，經過長久的時間之後，逐漸形成巨大的鑽石。

最大的鑽石「庫利南」的大小比一顆硬式棒球稍微大一點

評價鑽石的品質時，鑽石的大小是不可或缺的一項基準。說到大小，並不是指體積，而是指質量。鑽石的質量用「克拉」這個單位來表示。1克拉相當於0.2公克。史上最大的鑽石「庫利南」重達3106克拉（621.2公克），長度11公分，寬度5公分，高度6公分，大小和一顆硬式棒球（直徑約7.5公分）差不了太多。

硬式棒球　　　　　最大級的鑽石原石「庫利南」（3106 克拉）

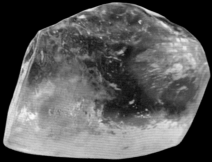

由原石「庫利南」製成的首飾用鑽石

庫利南 3 號
94.4 克拉

庫利南 4 號
63.6 克拉

庫利南 5 號
18.8 克拉

庫利南 1 號
530.2 克拉

庫利南 2 號
317.4 克拉

庫利南 6 號
11.5 克拉

庫利南 7 號
8.8 克拉

庫利南 8 號
6.8 克拉

庫利南 9 號
4.39 克拉

測量血壓時使用的單位

我們在醫院測量血壓的時候，會得到「最高血壓～」、「最低血壓～」的結果。血壓的數值是用「毫米水銀柱：mmHg」作為單位。在第52頁介紹過，國際單位制所制訂的壓力單位是「帕斯卡：Pa」。但是，血壓的單位則採用這個毫米水銀柱（或稱毫米汞柱）。乍看之下，或許會以為毫米水銀柱是個次要的小單位，其實它保留著壓力測量的根源。

第一個思考應該如何測量壓力的人，是義大利物理學家托里切利（Evangelista Torricelli，1608～1647），他用水銀來測量壓力。

首先，在玻璃管內注滿水銀，用手掌蓋住玻璃管開口端，再把玻璃管倒過來插入裝著水銀的容器內，然後把蓋住開口的手放開。這個時候，玻璃管內的水銀液面會下降，最後停在76公分高的地方。他對這個現象的想法是：當容器液面承受的大氣壓力，和玻璃管內的水銀柱重力產生的壓力，兩者取得平衡時，水銀液面就不會再繼續下降。

但是，這個想法在當時並未被普遍接受。後來，帕斯卡（Blaise Pascal，1623～1662）在山腳及山頂（大氣壓力不同的地方）進行實驗，比較所測得的實驗裝置的水銀柱高度，得知水銀柱的液面高度會產生變化。由此，證明了托里切利想法的正確性。

壓力的單位除此之外，還有「標準大氣壓：atm」。這就是指在標準重力加速度9.80665m/s^2、在標準溫度0℃的狀態下，水銀柱高度為76公分時的大氣壓。1atm＝760mmHg＝101325Pa。換成國際單位，則1mmHg為$\frac{101325}{760}$Pa（約133.322Pa）。

又，在水銀柱的實驗中，當水銀柱立起來的時候，玻璃管內上方形成的空間稱為「托里切利真空」。因此，現在測量真空時，會使用「托：Torr」作為單位。若換成國際單位，則1Torr＝$\frac{101325}{760}$Pa。

表示電磁波之波長的單位

國際單位制的長度單位是公尺。但是，當我們想要表示肉眼看不到的微小長度時，公尺這個單位就顯得太大，並不方便。

例如，在第40頁介紹過的波的波長。所謂的波長，是指相鄰波峰（波谷）和波峰（波谷）之間的長度。在第40頁中，是採用以公尺為基準的長度，來表示各種電磁波的波長。但是，有許多種電磁波的波長非常短，所以就需要加上一些詞頭。

現在是使用「埃：Å」這個單位，作為表示非常短的電磁波波長的單位。1埃為10^{-10}公尺（100皮米）。

1868年，瑞典物理學家埃格斯特朗（Anders Jonas Ångström，1814～1874）為了表示太陽光的波長，使用了「10^{-8}公尺」作為單位。這是現在埃的起源。

使用埃作為表示電磁波波長的單位，則可見光為4000～8000Å，電磁波之中波長最短的伽瑪射線為0.1Å以下。

表示宇宙距離的3個單位

常用來表示宇宙的距離的單位有「天文單位（au，astronomical unit）」、「光年」、「秒差距（pc，parallax of the arcsecond）」這3個單位。宇宙的距離，如果以公尺來表示的話，數值會變得太大，所以改成使用天文單位、光年、秒差距。

「1天文單位」所代表的距離固定不變

天文單位是以地球與太陽間的距離為基準。地球環繞著太陽，沿著幾近圓形的橢圓形軌道公轉。原本是以這個橢圓形軌道的長向半徑（長半徑）作為1天文單位。

行星運動的公轉週期的平方與橢圓形軌道長半徑的立方成正比。這是德國天文學家克卜勒（Johannes Kepler，1571～1630）發現的「克卜勒定律」第3定律。即使無法正確測量地球與太陽的距離，只要把地球橢圓形軌道半長軸設為1天文單位，代入克卜勒的定律中，就能以地球為基準，相對地計算出其他行星的軌道。

其後在1976年的國際天文學聯合會（IAU，International Astronomical Union）中，就把1天文單位的定義做了如下的變更：「質量可忽略但受到太陽重力影響的假想粒子，沿著完全的圓形軌道，以365.2568983天的週期，繞著太陽公轉時的半徑。」接著，又在2012年的IAU

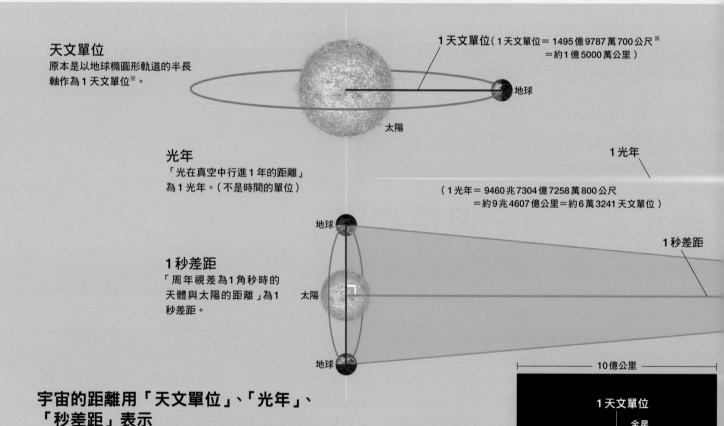

天文單位
原本是以地球橢圓形軌道的半長軸作為1天文單位[※]。

1天文單位（1天文單位＝1495億9787萬700公尺[※]
＝約1億5000萬公里）

地球

太陽

光年
「光在真空中行進1年的距離」為1光年。（不是時間的單位）

1光年

（1光年＝9460兆7304億7258萬800公尺
＝約9兆4607億公里＝約6萬3241天文單位）

1秒差距

1秒差距
「周年視差為1角秒時的天體與太陽的距離」為1秒差距。

地球

太陽

地球

10億公里

宇宙的距離用「天文單位」、「光年」、「秒差距」表示

1天文單位原本定義為地球橢圓形軌道的半長軸。1光年是光在真空中行進1年的距離。1秒差距是周年視差為1角秒時的天體與太陽的距離。1秒差距相當於大約3.26光年，也相當於大約20萬6265天文單位。

天體與太陽的距離

1天文單位

金星

太陽

水星

地球

火星

當中，把 1 天文單位定義為1495億9787萬700公尺（1億4959萬7870.7公里），把它的數值固定下來。

1 光年是光在 1 年內行進的距離

光在真空中以秒速2億9979萬2458公尺的速度行進。以這樣的速度，行進 1 天文單位只需大約499秒（約8分19秒）的時間。

光年是以光在真空中行進 1 年的距離作為 1 光年的單位。1 光年相當於9460兆7304億7258萬800公尺（9 兆4607億3047萬2580.8公里）。

如果以光年表示地球與某個天體的距離，可以馬上知道現在這個天體抵達地球的光，是它在多少年前發出的光。例如，距離地球 5 光年的天體，它在 5 年前發出的光現在抵達地球。

如果某個天體的周年視差（某個時候看到的該天體在半年後偏移的角度的一半的量）為 1 角秒（參照插圖），則該天體與太陽的距離為 1 秒差距。1 秒差距相當於大約 3 京856兆8000億公尺（30兆8568億公里）。

研究中經常使用的單位是「秒差距」

天文單位是在表示太陽系中的天體距離，或把太陽系與其他行星系做比較時使用。光年和秒差距主要是在表示太陽系外天體的距離時使用。

一般用途中比較常用光年，而在研究中則比較常用秒差距。因為鄰近天體的距離是依據周年視差進行計算，所以使用秒差距比較方便。此外，無法正確測量周年視差的遙遠天體的距離，也是依據鄰近天體的距離加以推算，所以大多使用秒差距。

※在1976年的IAU中，把 1 天文單位的定義改為「質量可忽略但受到太陽重力影響的假想粒子，沿著完全的圓形軌道，以365.2568983天的週期，繞著太陽公轉時的半徑。」在2009年的IAU中，公布這個值為「1 天文單位＝1495億9787萬700公尺」。

接著，在2012年的IAU中，確立了「1 天文單位為1495億9787萬700公尺」的定義，把這個數值固定下來。也就是說，1 天文單位的公尺單位中的數值從此確立，不會再變更。

又，太陽與土星的距離是大約10天文單位。

光

（1秒差距＝約3京856兆8000億公尺
　　　　＝約30兆8568億公里＝約3.26光年＝約20萬6265天文單位）

周年視差為1角秒（1角秒＝3600分之1度）

天體

測量某個時候看到的天體在半年後看到它時會偏移多少角度。而在這半年間偏移的角度的一半的量，稱為「周年視差」。根據周年視差和地球到太陽的距離，可以計算出天體的距離。如果某個天體的周年視差為 1 角秒（3600分之1度），則該天體與太陽的距離為 1 秒差距。周年視差越小的天體，距離我們越遠。

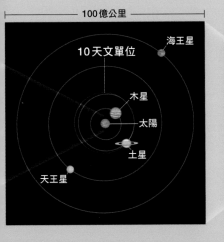

├── 100億公里 ──┤

海王星
10天文單位
木星
太陽
土星
天王星

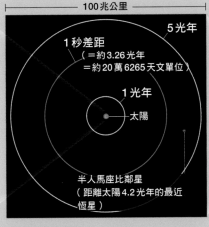

├── 100兆公里 ──┤

5光年
1秒差距
（＝約3.26光年
＝約20萬6265天文單位）
1光年
太陽
半人馬座比鄰星
（距離太陽4.2光年的最近恆星）

├── 100京公里 ──┤

8500秒差距（IAU建議值）
（＝約2萬7700光年）
太陽　　銀河系的中心
銀河系
（直徑約10萬光年＝約3萬秒差距）

除了國際單位制的「公尺」和第64頁介紹的「海里」之外，全世界還有許多各式各樣的表示長度（距離）的單位。下表所示為其中的部分單位，是不是曾經在哪裡看過呢？

單位	對國際單位的換算
寸	1寸＝0.1尺≈0.03030m（3.030cm）
尺	1尺＝(10/33)m≈0.30303m（30.303cm）
間	1間＝6尺≈1.81818m
丈	1丈＝10尺≈3.0303m
町	1町＝60間≈109.09091m
里	1里＝36町≈3927.27273m（3.92727273km）
英寸	1in＝0.0254m（2.54cm）
英尺	1ft＝12in＝0.3048m（30.48cm）
碼	1yd＝3ft＝0.9144m（91.44cm）
英里	1mile＝1760yd＝1609.344m（1.609344km）
費米	$1F＝1fm＝10^{-15}m（10^{-6}nm）$

◻ 尺貫制　　◻ 碼磅制　　◻ CGS單位制

國際單位制中,面積的單位是平方公尺。但是,在表示不動產的房屋、土地的面積時,卻常使用「坪」為單位。農地的面積則是用「公頃」。由此可知,面積的單位也是五花八門,多不勝數。

單位	對國際單位的換算
坪(步)	$1 坪 = 6 尺平方 = (6 尺)^2 = \dfrac{400}{121} m^2$ $\approx 3.305785 m^2$
畝	$1 畝 = 30 坪 \approx 99.17355 m^2$
段	$1 段 = 10 畝 \approx 991.7355 m^2$
町	$1 町 = 10 段 \approx 9917.355 m^2$
疊	$1 疊 = 176cm \times 88cm$ ※江戶間的規格。榻榻米的尺寸依各地區的房間格式而異。
公畝	$1a = 100 m^2$ $1ha = 100a = 10000 m^2$ ※單位「公畝(a)」加上表示100倍的詞頭「h」即成為「公頃(ha)」。
邦(barn)	$1b = 10^{-28} m^2$($100 fm^2$)
英畝	$1ac = 4840 yd^2 \approx 4046.856 m^2$

在我們的日常生活中，經常可看到1升裝的酒、1.5公升的寶特瓶裝碳酸飲料、200cc的量杯等等與容積有關的單位，甚至可能比使用國際制的容積單位（立方公尺）還要多。（下表）

單位	對國際單位的換算
勺	1 勺 $= 0.1$ 合 $\approx 0.000018039m^3$ （ $\approx 18.039cm^3$，$0.018039L$ ）
合	1 合 $= 0.1$ 升 $\approx 0.00018039m^3$ （ $\approx 180.39cm^3$，$0.18039L$ ）
升	1 升 $= (2401/1331)L \approx 0.00180391m^3$ （ $\approx 1803.91cm^3$，$1.8039L$ ）
斗	1 斗 $= 10$ 升 $\approx 0.01803907m^3$ （ $\approx 18039.07cm^3$，$18.039L$ ）
石	1 石 $= 10$ 斗 $\approx 0.18039068m^3$ （ $\approx 180.39L$ ）
公升	$1L = 0.001m^3$ （ $1000cm^3$ ）
加侖	$1gal = 0.003785412m^3$ （ $= 3785.412cm^3$，$3.785412L$ ）
桶	$1barrel = 0.1589873m^3$ （ $= 158.9873L$ ）
毫升[※]	$1ml = 1cc = 0.000001m^3$ （ $= 1cm^3$，$0.001L$ ） （請注意：不要把ml讀作mol，應該唸成milliliter 或讀成從前常用的立方公分之縮寫cc。）

　尺貫制　　　碼磅制　　　CGS 單位制　　　　　　※毫升（milliliter；縮寫為ml；從前稱為cc，即立方公分cm³）

在質量方面，現在幾乎已經不再使用尺貫制的單位。但是，碼磅制的「磅」這個單位仍然時有所聞吧！此外，對於非常巨大的東西（強力的東西），有時也會用「百萬噸級」（在噸的前面加上詞首百萬）來形容。

單位	對國際單位的換算
貫	1貫＝3.75kg
斤	1斤＝0.6kg（600g）
兩	1兩＝0.00375kg（3.75g）
磅	1lb＝0.45359237kg（453.59237g）
盎司	1oz＝(1/16)lb≈0.02834952kg（28.34952g）
噸	1t＝1000kg
道爾頓	$1Da = 1.660\ 539\ 040(20) \times 10^{-27} kg$
原子質量單位	$1u = 1Da =$ $1.660\ 539\ 040(20) \times 10^{-27} kg$

力的單位

以重力為基準所制訂的力的單位「公斤重」，直到不久之前一直是日本使用的力的主要單位。

單位	對國際單位的換算
磅達	1pdl＝0.138254954376N
公斤重	1kgw＝9.80665N
達因	1dyn＝1g·cm/s^2＝0.00001N

壓力的單位

「巴（毫巴）」正是在百帕之前表示氣壓的單位。1mbar＝1hPa，所以在換算時並沒有引發混亂。

單位	對國際單位的換算
公尺水柱	1mH$_2$O＝9806.65Pa
巴	1bar＝100000Pa（1000hPa）

黏度的單位

泊是表示在流體的流動方向上產生阻力的黏度的單位。斯托克是把黏度除以密度的單位。

單位	對國際單位的換算
泊（力學黏度，poise）	1P＝0.1Pa·s
斯托克（動黏度，stokes）	1St＝10^{-4}m^2/s

尺貫制　　碼磅制

CGS 單位制

磁學的單位

在CGS單位制的時期，磁通量的單位是馬克士威、磁通密度的單位是高斯、磁場強度的單位是奧斯特。

單位	對國際單位的換算
馬克士威	1Mx＝10^{-8}Wb
高斯（Gauss）	1G＝10^{-4}T
奧斯特（Oersted）	1Oe＝$\frac{1}{4}\pi \times 10^3$A/m

能量的單位

「卡路里」經常用在食品標示上。「1 電子伏特」等於 1 個電子在真空中通過 1 伏特的電壓所獲得的能量。

單位	對國際單位的換算
卡路里	1cal＝4.184J
電子伏特	1eV＝1.602177×10^{-19}J
耳格	1erg＝1dyn·cm＝10^{-7}J

功率的單位

法馬力是指馬在 1 秒鐘的時間內把75kg重的物體拉上1m時的能率。法馬力依公制下定義，英馬力依碼磅制下定義。

單位	對國際單位的換算
法馬力	1PS＝735.49875W
英馬力	1HP＝745.7W

溫度的單位

華氏溫標把水的凝固點設為32度、沸點設為212度，中間等分為180度。列氏溫標把水的沸點（80度）和凝固點（0度）之間等分為80度。

單位	對國際單位的換算
攝氏度	K＝℃＋273.15
華氏度	℃＝（°F－32）/1.8 K＝（°F＋459.67）/1.8
列氏度	°Ré＝$\frac{4}{5}$℃

光的單位

「朗伯」和「熙提」是表示每單位面積的光度「亮度」的單位。在國際單位制中，亮度的單位是「cd/m^2」。

單位	對國際單位的換算
朗伯（lambert）	1L＝$\frac{1}{\pi}$sb
熙提（Stilb）	1sb＝1cd/cm^2＝10000cd/m^2
呎燭	1ft·c＝10.764 lx
輻透（phot）	1ph＝10^4 lx

4

力和波的原理及定律

協助　池內 了／渡部潤一／和田純夫／真貝壽明

從第1章到第3章，介紹了各式各樣的單位。為了制定這些單位，利用了許多定律。而引申推導出定律的根據，就是原理。在這一章，首先要介紹定律和原理的定義，釐清它們究竟是什麼東西。然後，介紹有關施加於物體的力與運動的原理、定律，以及有關光與聲波這類「波」的原理、定律。

原理和定律究竟是什麼？

自然界有名的「成規」是如何確立的呢？

「阿基米德原理」、「克卜勒定律」……，你知道多少個原理和定律呢？原理和定律是人類發現的規則，能夠說明、預測自然界發生的種種現象。那麼，原理和定律的定義是什麼呢？還有，什麼樣的東西容易被採用作為原理或定律呢？

執筆：池內 了 日本總合研究大學院大學名譽教授

各位在學校裡都曾經學過「槓桿原理」、「萬有引力定律」等等，許多加上「～～原理」、「～～定律」的東西吧！原理也好，定律也好，都是人類在理解科學世界時非常重要的東西。然而，原理和定律的差別究竟在哪裡呢？彼此之間具有什麼樣的關係呢？

原理是「建構理論的前提」

所謂的原理，是任何人都能明白但無法直接證明的東西，大多是單純而普遍的內容。我們可以依循原理而建構理論，例如，狹義相對論中的「光速不變原理」、廣義相對論中的「等效原理」（equivalence principle）等等，都是原理的代表（第7章）。

「浮力原理」或「槓桿原理」的名稱裡面雖然也使用了「原理」的語詞，但因為它們可以利用後世發現的牛頓力學加以證明，所以嚴格來說，不應該稱之為原理。但是，像這樣，最初以為它是無法證明的原理，後來由於發現了新的定律而明白它不是原理（應該稱為以下所述的定理才是正確）的案例，可謂多不勝數。科學也是歷史的產物，這樣的混亂不會有終止的一天。

定律是「表示物理量之關係性的式子」

所謂的定律，是指使用數學式子把原理做一般表述的關係（式），藉此引導出物理量之間的相關關係或因果關係等等。和原理一樣，定律本身並無法直接證明，但可藉由實驗或觀測來確定定律所揭示的關係是否正確。定律之中，也含有像「萬有引力定律」這類，描述作用力的關係式。為什麼萬有引力與距離的平方成反比呢？這一點需要有更深入的理論進行探討，但目前已經透過實驗及理論確定了它的正確性。

雖然同樣是使用定律的語詞，但是像「克卜勒三定律」這種歸納相關的現象而得到的規則性，可以利用更基本的定律（牛頓的運動定律）加以證明。就這個意義而言，稱之為克卜勒的經驗律才是正確的說法，但因最初以為它是無法證明的，所以才稱之為原理吧！這也是歷史的產物。

原則是「可視為理所當然的事物」

所謂的原則，是指在建立原理或定律時不知不覺之中採用的東西，不像原理那麼強，但被視為理所當然會成立的東西。由於是不知不覺的，所以不會明確地使用原則這樣的語詞來呈現，但是在構築理論形式上卻是重要的指針。例如，即使觀測者的位置或速度改變，理論也會保持不變的「協變性」（不變性），以及，諸如左和右、物質和反物質、正和負等等，即使轉換成相反狀態也不會改變的「對稱性」，都可以稱為原則吧！原則

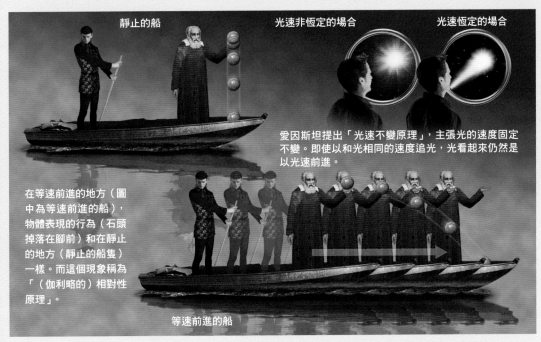

静止的船　　　　　　　光速非恆定的場合　　　　　光速恆定的場合

本圖所示為原理和定律之間的關係。愛因斯坦根據相對性原理和光速不變原理，建立了狹義相對論。在這個理論中，提出了顯示物質的質量可以轉變成龐大能量的定律「E＝mc²」（E為能量，m為質量，c為光速）。

愛因斯坦提出「光速不變原理」，主張光的速度固定不變。即使以和光相同的速度追光，光看起來仍然是以光速前進。

在等速前進的地方（圖中為等速前進的船），物體表現的行為（石頭掉落在腳前）和在靜止的地方（靜止的船隻）一樣。而這個現象稱為「（伽利略的）相對性原理」。

等速前進的船

被打破是稀鬆平常的事，打破了才會使以往看似相同的兩個狀態有所區別。

定理是「使定律更加具體的關係式」

所謂的定理，是指根據定律引申出來的具體物理量之間的關係式。如果要確認定律的正確性，可以利用從它引申出來的關係加以證明。相反地，如果藉由實驗而發現不符合定理的事例時，有可能是實驗的哪個環節不夠完備或思考不周，也有可能是引申出定理的定律本身有問題。「動量守恆定律（第96頁）」和「能量守恆定律（第124頁）」等等都是定理的代表性例子，但也有顯示守恆定律和不變性及對稱性有密切關係的定理，那就是「諾特定理」（Noether's theorem）。

諾特定理指出，在對於某個轉換具有對稱性（不變性）的場合，必定存在著守恆量。例如，「能量守恆定律」在挪移時間原點的轉換上為對稱（從哪裡開始測量時間都可以）時成立，「角動量守恆定律」（第98頁）在改變座標系軸向的轉換上為對稱（任何方向都可以）時成立。「諾特定理」是聯結原則和守恆律的更為一般性的內容，雖然稱為定理，但卻具有近乎原理的普遍性。

阿基米德甚至連「浮力原理」都沒有發現？

科學的起源，是從對於日常生活中的體驗或觀察的事物（亦即現象），思考那個事物為什麼會發生的理由開始。這個理由在最初的階段還無法證明其正確性，所以稱為假說（假設、前提）。如果透過實驗、觀察、觀測而能證明它的正確性，則稱為原理或定律。但也有些因為後世發現了更基本的原理或定律，而被降格為定理。不過，歷經長久歲月而已經習慣的名稱，往往成為通例，因而不依照定義來命名，這樣的事例不在少數。

有一個著名的「阿基米德原理」。阿基米德受國王之命，鑑定一頂具有某個重量的皇冠是否為純金打造，或混雜其他金屬，但不能破壞皇冠。阿基米德在洗澡時，把身體泡入浴缸中，看到水溢出浴缸，突然得到靈感，於是發現了這個原理。通常，這件事被認為是「浮力原理」的發現。

但是，嚴格來說，這並不正確。阿基米德發現的，只是「沉入水中的物體的體積與溢出的水的體積相同」這項事實而已。這是因為重量相同的純金和非純金，由於密度不同，所以體積不一樣，把它們分別放入裝滿水的桶子裡則溢出來的水量也就不一樣。阿基米德當時採取的行動是，準備一塊和皇冠相同重量的純金，測量溢出的水量，然後把皇冠沉入水中，再測量溢出的水量，兩者做比較（精密測量溢出的水量，可以得知其中含有多少比例的雜質）。

「浮力原理」是闡述物體沉入水中會變得多輕的原理。在1583年荷蘭力學家斯台文（Simon

Stevin，1548～1620）提出作用於水的重力和浮力相等這個觀念之前，始終未被正確地理解。由於這件事能夠用力學定律加以證明，所以嚴格來說，它不是原理，而應該稱之為浮力定理。

「光速」是愛因斯坦「提出」的嗎？

另一方面，也有後來升格而成為原理的事例。「光速不變原理」就是其中之一。原本光速被視同一般的物理量，認為光速和物體的速度一樣，會依觀測者的速度而改變，也會隨著給予的能量而變化。但是，由於邁克生（Albert Abraham Michelson，1852～1931）和莫雷（Edward Morley，1838～1923）進行的實驗，以及愛因斯坦的理論，後來升格為原理。

在我們的感覺中，光是無限地快速。有一個人認為這個光速是有限的，而且想要測量光速，他就是伽利略。1581年，伽利略在相距150公尺左右的兩座山丘上，分別準備一盞用遮罩蓋住的煤氣燈。在其中一座山丘上，伽利略掀開遮罩，向對方送出燈光。另一座山丘上的人，一看到燈光立刻掀開自己這邊的遮罩，向伽利略那邊送出燈光。這麼一來，只要測量從最初光送出到後來光送回的時間，便可計算出光速。但是，當時並沒有能夠測量這麼短暫的時間差的時鐘，而且人類要花上一些時間才能感受到光線，所以無法求出光速。

第一個決定光速的人，是丹麥天文學家羅默（Ole Rømer，1644～1710）。1675年，他注意到木星的衛星在逐漸接近地球時，會一點一點地更早發生衛星食，而在越來越遠離地球的時候，會越來越晚地發生衛星食。然後，他根據木星與地球的距離而算出秒速22萬公里的值。在這之後，光速的測量精度逐步提高。

荷蘭的惠更斯（Christiaan Huygens，1629～1695）在1656年前後，提出了光和空氣及水波一樣是波的主張，而且，如果光是波，則必然有使其振動並傳播的介質存在。他認為，傳播光的介質就是充滿了宇宙空間的假想物質——以太（ether）。直到19世紀結束的時候，物理學家都對這個假說深信不疑。光是波這件事，獲得了英國科學家楊格（Thomas Young，1773～1829）的實驗等加以證實（光也是如同牛頓所說的，是粒子），但以太的存在則始終無法獲得證實。美國邁克生費盡心思測量光對於以太的速率，於1887年和莫雷進行了一項有名的實驗。

他們設計了巧妙的干涉儀，使光在2組垂直相交而長度相同的反射鏡之間來回傳播，最後重合而發生干涉（詳見右頁插圖）。其中一組鏡片之間的光線路徑 A 朝著地球公轉運動的方向，另一組的 B 路徑朝著與 A 路徑垂直的方向。藉由干涉條紋，觀察光在往返期間產生了多少時間差。接著，把干涉儀旋轉90度，使 B 路徑朝著地球公轉運動的方向，A 路徑朝著與 B 路徑垂直的方向，希望能觀測到干涉條紋移動的情況。他們認為，在地球公轉運動的方向上，光的速率和地球的速率會相加而變大，在垂直方向則不會改變，所以可藉此偵測出光相對於以太的速率。不料，在實驗過程中，干涉條紋並沒有產生移動，所以光的速率似乎與地球的運動無關。

此外，愛因斯坦主張，以太並不存在，亦即光的傳播不需要介質，在真空中也能傳播，而且光的速度固定不變，與光源及觀測者的運動無關。這就是「光速不變原理」。愛因斯坦提出這項主張時，並不知道邁克生和莫雷的實驗結果。1905年時，他發表了以這個原理為前提的「狹義相對論」。根據這個理論，可以推導出時間和空間會因應物體的運動而變化（亦即具有相對性）。自此經過100年以上的時間，狹義相對論和無數個實驗結果完全吻合，成為嚴謹成立的基本理論之一。順帶一提，「$E=mc^2$（第146頁）」是從狹義相對論引申而來的質量與能量等效的定理，原子彈和核能發電都源自於此。

科學家的思考是原理性的？

一般而言，科學家確信，自然的現象絕對不會是隨意雜亂的，而是具有某些規則性，人類能夠憑藉著智慧去闡明其中的原因和結果的關係。人們之所以使用信念或確信這樣的語詞，是因為只是相信而已，並非能夠加以證明。在這個意涵上，科學家的信念或許可以說是推動科學進步的

根本原理。依循這樣的意涵，或許可以說，由於根本原理雖然被認為正確但無法加以直接證明，因此把它分割開來，成為各種原理、定律、原則，使其能夠分別適用於個別現象及問題。作為科學的前提，這些原理、定律、原則是如此地單純、簡明、美麗、普遍，因此，會認為基本理論具有預言性乃是理所當然。

單純、簡明、美麗、普遍……

有一則這樣的趣聞。物理學家高德把一個自認為高超的理論拿給愛因斯坦看。愛因斯坦沉默了一會兒，然後只說了一句：「唉！好醜！」表示沒有興趣。感知自然現象的美感的能力（審美觀）因人而異，所以美這種東西應該不能成為判斷理論對錯高下的根據，但科學家卻會認為不美就不是真實。事實上，牛頓的運動定律、馬克士威的電磁場方程式、愛因斯坦的重力場方程式都非常美。同樣地，單純、簡明、普遍也是會依個人的判斷而有不同的感覺，科學家卻相當重視。在這個意涵上，單純、簡明、普遍可以說是科學的前提，不是嗎？以下，我們就具體地各舉一個例子，來說明這些科學的前提是什麼樣的東西吧！

首先，是「單純」。人類自古希臘時代開始就一直在問物質的根源是什麼，從原子、原子核到夸克，不斷地追尋更單純的物質。藉由假設原子的存在，可以把多樣的化合物用單純的原子組合來表現，進而得以把無數的化學反應一清二楚地明確表示出來，能夠恰如其分地記述各種經驗法則，例如「質量守恆定律」、「定比定律」、「倍比定律」、週期表等等。原子核和夸克也是一樣。基本物質可以說是單純的象徵吧！

其次，是「簡明」。從「光速不變原理」可以推導出時間和空間的相對性，從「等效原理」預言了黑洞的存在。像這樣，能夠從極其簡明的原理預言難以想像的現象，而把本質不同的事項統合在一起，從這一點來看，可以說簡明反倒是展示了豐富的內容。

「美麗」又是如何的呢？重要的基本方程式其實都很美。此外，前面說過的，對於轉換的對稱性，與守恆律的存在有關，這個關係也很美。還

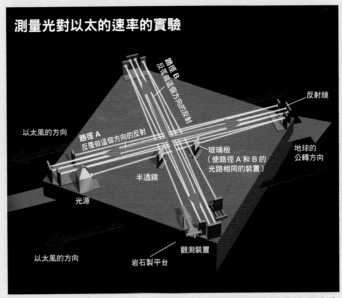

測量光對以太的速率的實驗

路徑 B 反覆做這個方向的反射

反射鏡

以太風的方向

路徑 A 反覆做這個方向的反射

地球的公轉方向

玻璃板（使路徑 A 和 B 的光路相同的裝置）

半透鏡

光源

觀測裝置

以太風的方向

岩石製平台

如果宇宙空間充滿了以太，則應該可以在地球行進方向的反方向上，觀測到以太風（上圖）。邁克生和莫雷的實驗裝置中，從光源發出的光，分成兩條不同行進方向的路徑 A 和 B，最後合流而抵達觀測裝置。兩條路徑 A 和 B 的光行進的距離（光路）相同。依照這個機制，如果有以太存在，則光抵達觀測裝置的光程差會出現差異，但結果並沒有檢測出時間差。

有，「$E=mc^2$」是只用三個物理量來表現的關係式，但一想到它的內容的豐富性，可真是美到極點。與宇宙的膨脹有關的「哈伯定律 $v=HR$」（v 為星系遠離而去的速度，H 為哈伯常數，R 為距離）也充滿了簡明的美。如此簡單的式子，卻是以動態的宇宙作為對象，並且涵括了過去的演化。

最後是「普遍」。希氏粒子具有與其他物質交互作用而把質量給予基本粒子的機制（希氏機制）。這項機制的根源，可能是在真空中發生的「自發對稱性破缺」的現象。藉此，使得各個不同種類的基本粒子具有不同的質量，產生了各自不同的性質。

這個自發對稱性破缺，和超導體內部排斥磁場的現象（超導的邁斯納效應（Meissner effect））也有關係。原因在於電磁場的光子由於對稱性破缺而擁有質量。像這樣，雖然是迥然不同的現象，卻有著自發對稱性破缺這個共通機制在作用，由此可以瞥見物理現象的普遍性的存在。

🪐

重的物體和輕的物體哪一個會先落地？

　　想像一下，讓金屬球和羽毛從相同的高度落下，到底哪一個會先落地呢？或許有些讀者會認為，再怎麼樣也是金屬球先落地吧！那麼，結果如何呢？

　　這個實驗的真相可以利用伽利略發現的「自由落體定律」來說明。這個定律指出：「自由落下的物體的速率與重量無關，落下時間增為2倍的話，則落下距離增為4（＝2^2）倍，落下時間增為3倍的話，則落下距離增為9（＝3^2）倍。」如果不計空氣阻力，這個定律對沉重的金屬球和輕盈的羽毛一樣適用。

　　伽利略使用斜面進行實驗。垂直落下的物體（自由落體）的速度太快，要測量每段時間的落下距離有其困難。如果是斜面的話，速度比較緩慢，會更加容易觀察，所以改用斜面。他所使用的斜面是長6公尺左右的木條，上面刻著一道經過加工的溝槽，使受測物體容易滑動。然後把接近正球形的銅合金球放在斜面上滾落。他使用的水鐘會根據落下的水量測量時間，另外也測量了銅球滾落的距離。順帶一提，傳說伽利略在比薩斜塔進行自由落體實驗，但伽利略本人駁斥了這樣的說法。

　　實驗的結果，伽利略發現：落下距離與落下時間的平方成正比。而且也得知，無論斜面的角度有多大，這個定律都成立。鉛直落下可以視為斜面傾斜90度，所以這個定律也適用於自由落體。

使用斜面發現「自由落體定律」

伽利略進行的實驗模式圖

時刻0　時刻1　時刻2　時刻3

球

距離1
距離4（＝2^2）
距離9（＝3^2）

斜面

伽利略
（1564～1642）

時刻 0

時刻 1

時刻 2

時刻 3

重金屬球和輕羽毛落下的情形都相同

義大利科學家伽利略有一句名言:「宇宙這本書是用數學的語文寫成的」。也就是說,他認為:宇宙發生的任何事件,都受到可以用數學式子來表現的規則,亦即由「定律」所支配。

這樣的伽利略發現了許多自然界非常重要的定律,其中之一就是「自由落體定律」。插圖所示為在真空中落下而呈現出這個定律的羽毛和金屬球。自由落體定律指出:「如果不計空氣阻力,則羽毛和金屬球落下的情形相同。落下的距離與質量無關,而與落下時間的平方成正比。」

83

兩個力的合力，如同平行四邊形的對角線

施加於物體的力，具有方向和大小。力的大小、方向，以及力的作用地點（作用點）稱為「力的3要素」，可以用箭頭（向量）來表示。以箭頭的起點為作用點，箭頭的方向為力的方向，箭頭的長短代表力的大小。

但是，施加於一個物體的力可能不只一個。例如，在落下的物體上，除了有向下拉的重力之外，還會有向上作用的空氣阻力。在這個場合，就要把兩個力的箭頭加起來，求它們的「合力」。

兩個不在同一條直線上的力，也可以用箭頭的加法來求出它們的合力。如插圖1所示，A

車由B車和C車利用纜繩拉著走，使A車開始朝合力的方向（往右）前進。假設以兩個力的箭頭作為2邊，畫出一個平行四邊形，則它的對角線就是合力的箭頭。這種向量的合成方法稱為「平行四邊形定律」。

我們也可以考慮插圖2的情形。把箭頭當成「從起點往終點（箭頭尖端）的『移動』」。這麼一來，兩個箭頭的和的作圖，就相當於把「沿第一個箭頭從起點往終點移動，再從那裡沿第二個箭頭（半透明綠色箭頭）從起點往終點移動」的2個階段的移動，整合成為一次的移動（紅色箭頭）。

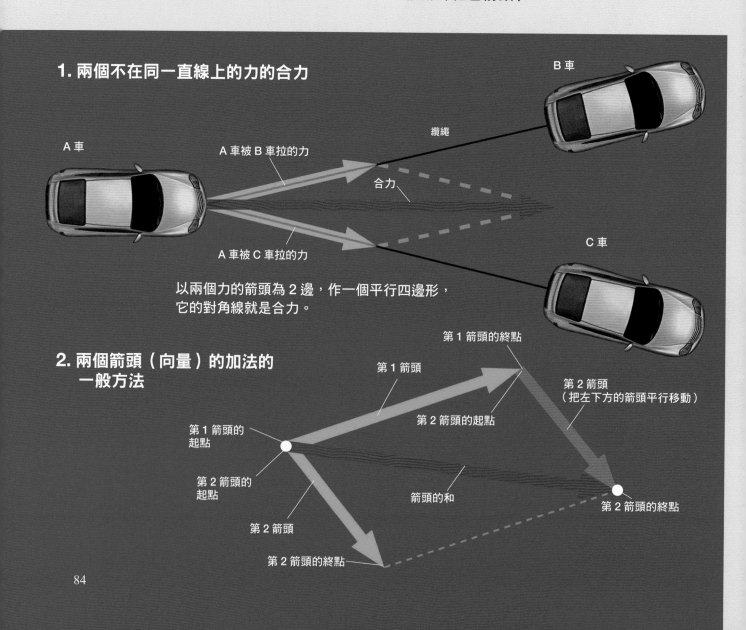

1. 兩個不在同一直線上的力的合力

B車

A車

A車被B車拉的力

纜繩

合力

A車被C車拉的力

C車

以兩個力的箭頭為2邊，作一個平行四邊形，
它的對角線就是合力。

第1箭頭的終點

2. 兩個箭頭（向量）的加法的一般方法

第1箭頭

第2箭頭
（把左下方的箭頭平行移動）

第2箭頭的起點

第1箭頭的起點

第2箭頭的起點

箭頭的和

第2箭頭的終點

第2箭頭

第2箭頭的終點

使彈簧復原的力與伸縮量成正比

放在地板上的桌子，雖然受到重力往下拉，卻不會壓破地板而沉下去。這是因為有一個從地板作用於桌子的力，把桌子往上推回去的緣故。像地板和桌子這樣，兩個物體接觸的時候，會產生垂直於接觸面的往回推的力，稱為「正向力」。重力和正向力的大小相等，作用的方向相反，因此互相抵消，所以桌子不會沉入地板下。

彈簧也具有類似於正向力的力。把物體放在彈簧上，彈簧會被壓縮。這個時候，會有一個從彈簧往上作用於物體的力。這個力稱為「彈力」，相當於正向力。

彈力是欲使彈簧從壓縮（拉伸）的位置回到原來位置的力。這個彈力的大小與彈簧離開原來位置的伸縮量成正比，也就是說，彈簧越被壓縮，或越被拉伸，則欲使彈簧回到原來位置的彈力越大。這個定律稱為「虎克定律」。

彈力＝彈簧常數×彈簧伸縮量

彈簧在上方被放置物體或被手指按壓而縮短時，會為了抵抗朝下作用的重力以便回復原來的狀態，而產生一個朝上作用的力，稱為「彈力」。彈簧在被往上拉伸時，也會產生向下作用的彈力。彈力的大小與壓縮的程度（伸長的程度）成正比而增大。也就是說，求算彈力大小的式子是「彈力＝比例常數×從原來的長度縮短（伸長）的距離」。這裡的比例常數稱為彈簧常數，是彈簧固有的值。

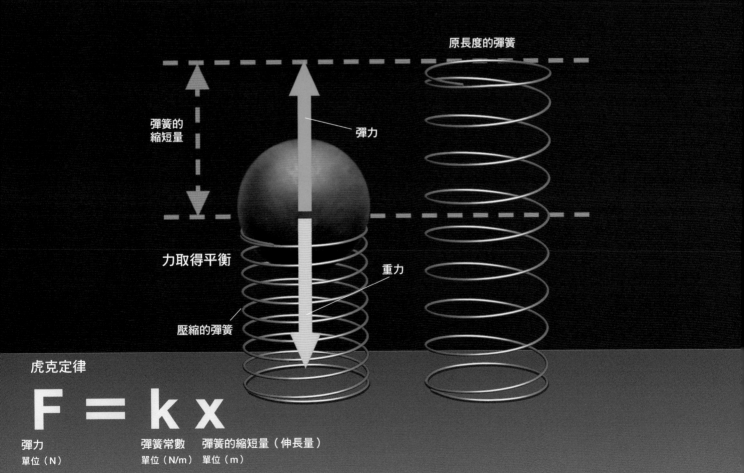

原長度的彈簧

彈簧的縮短量

彈力

力取得平衡

重力

壓縮的彈簧

虎克定律

$$F = kx$$

彈力
單位（N）

彈簧常數
單位（N/m）

彈簧的縮短量（伸長量）
單位（m）

運動中的物體會持續朝相同的方向以相同的速度運動

對物體施力，則物體的運動狀態會改變。在第86～91頁，將會介紹存在於物體的受力，和物體的運動之間的「運動三定律」。首先是第一個運動定律「慣性定律」。

與物體運動有關的「常識」

想像一下，在地板上推動一座冰箱的場景。用盡力氣，好不容易才使冰箱開始移動。一停止用力推，冰箱就不再動了。就算不是冰箱，衣櫃、桌子等等也是一樣，只要不再用力推，它應該就會馬上不再動了。

「不繼續施力的話，物體就會停止運動。」這句話完全符合我們日常生活的感覺。事實上，自古希臘哲學家亞里斯多德（Aristotle，前384～前322）以降，有將近2000年的時間，人們都相信這個「常識」是正確無誤。

那麼，像「冰壺」（curling）這類的比賽，把冰壺放在滑溜溜的冰面上滑動，又會如何呢？在這種場合，冰壺即使離開人手而不再受力，仍然會止不住地一直滑動吧！這個現象看起來似乎違反了先前的「常識」。

摩擦會影響慣性定律的效用

其實，物體原本就是：只要沒有受到外來的

慣性定律不容易從日常的感覺去體會

依照日常的感覺，會認為物體的運動是像左邊上面的例子這樣，不持續施力的話就會停止。但是，物體本來應該是像左邊下面的例子這樣，沒有受力的話就不會改變運動的方向和速度。這稱為「慣性定律」。

右頁是日常生活中能夠感受到慣性定律的例子之一：列車踩煞車而減速的場景。

在物理學之中，有「速率」和「速度」的區別。所謂的速率，是指在一定的時間內行進的距離。另一方面，而所謂的速度，則是速率再加上運動方向的要素。例如，花1小時往北方走5公里的場合，它的速率是「時速5公里」，而速度則是「往北時速5公里」。

慣性定律是什麼？

在地板上推冰箱的場合

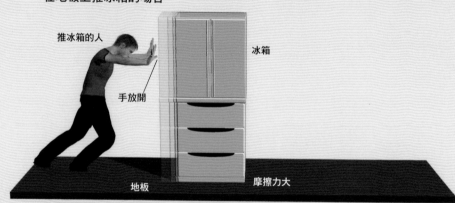

推冰箱的人　手放開　冰箱　地板　摩擦力大

如果停止推冰箱（冰箱不再受力），因為摩擦力的關係，冰箱馬上靜止不動。

在冰面上滑冰壺的場合（慣性定律）

在冰面上滑冰壺的人　手放開　冰壺的運動速度幾乎不變　冰壺　摩擦力小

冰壺離開人手後（冰壺不再受力後），仍然以相同的速度朝相同的方向移動。不過，在現實中，冰面和冰壺之間有輕微的摩擦力和空氣阻力等等在作用，所以冰壺最後還是會停下來。

力，它的運動方向及速度就不會改變。亦即，在冰上滑動的冰壺，比較接近物體原本應有的運動狀態。

不過，在現實中，在冰上滑動的冰壺終究也會停下來靜止不動。這是因為在冰面和冰壺之間有輕微的摩擦力在作用，阻礙了冰壺的運動。

這樣的摩擦力，不只作用於冰面和冰壺之間，也會作用於地板和冰箱等各種場合。在地板和冰箱的場合，摩擦力比較大，所以一旦推冰箱的力消失了，冰箱馬上就不動了。

如果是在完全沒有摩擦力的條件下，去推動冰箱和冰壺，那麼即使不再施力，它們也會繼續以一定的速度筆直前進。這就是義大利科學家伽利略（Galileo Galilei，1564～1642）發現的

「慣性定律」。又，靜止的物體如果沒有受到外力會一直保持靜止，這也是依循慣性定律。

飄浮在空中即可利用地球的自轉環遊世界？

在日常生活中也可以體驗慣性定律。例如，搭乘列車的時候，假設列車從以一定的速度行駛的狀態，逐漸煞車減速。這個時候，車廂內的乘客卻依循慣性定律而不減速繼續前進。結果，這個人就會往列車前進的方向摔倒。

那麼，最後再提出一個問題。如果搭乘直升機上升，然後停留在半空中。這個時候，地面是隨著地球的自轉而往東移動。這麼一來，停在空中的直升機是不是會相對地往西移動呢？答案請看下面的插圖。

其實在日常生活中也會體驗到的「慣性定律」

以一定速度行駛的列車

列車以一定的速度行駛時，列車和乘客的速度是一致的。

如果列車駕駛員踩煞車而減速的話，會發生什麼現象呢？

列車踩煞車而減速時，乘客的身體仍然依循慣性定律，保持著相同的速度持續運動。結果，列車的速度和乘客的速度產生落差，導致乘客往前進方向摔倒。

只要搭乘直升機浮在空中就能移動？

緩慢上升，停留在空中

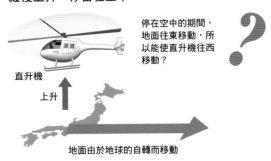

停在空中的期間，地面往東移動，所以能使直升機往西移動？

直升機

上升

地面由於地球的自轉而移動

事實上，會以和地面相同的速度持續往東方移動

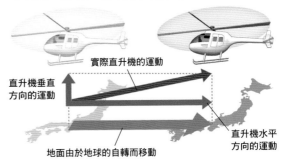

實際直升機的運動

直升機垂直方向的運動

直升機水平方向的運動

地面由於地球的自轉而移動

直升機原本是和地面一起往東方移動。無論它以多麼緩慢的速度上升，直升機的水平方向的速度仍然會依循慣性定律而不變。因此，和地面的移動一樣，直升機也會往水平方向移動，結果不能往西移動。

物體產生的加速度與力成正比，與質量成反比

這裡要介紹第二個運動定律「運動方程式」。所謂的運動方程式，是用數學式子來表示受力的物體會如何運動的定律。利用這個方程式，可以預測投出去的球的軌跡、人造衛星的軌道等等各種物體的運動。

那麼，「力」是什麼東西呢？自古希臘哲學家亞里斯多德以來，有一段很長的時間，人們都認為「力是使物體運動的根源」。但是，誠如前頁的說明，「物體需要力才能持續運動」的想法是錯誤的。在冰面上滑動冰壺，即使不再施力，冰壺也能繼續前進。原本，運動中的物體即使不受力也能以相同速度繼續運動（慣性定律）。

但是，在冰面上滑行的冰壺最後也會停止，亦即速度會歸零。這是因為力（摩擦力等）在作用的緣故。亦即，力可以說是「改變物體運動速度的東西」。在物理學中，把速度改變以「產生加速度」來表達，所以力可以說是「使物體產生加速度的東西」。

速度是「每1秒內，位置的變化量（移動距離÷時間）」，相對於此，加速度則是「每1秒內，速度的變化量（速度÷時間）」。

力和速度、質量是什麼關係？

左頁說明力和物體之運動速度的關係，右頁說明力對不同質量物體之運動的影響，以及運動方程式的意義。

速度5（時刻0）　速度4（時刻1）　速度3（時刻2）　速度2（時刻3）　速度1（時刻4）

速度0（時刻5）

冰壺

摩擦力

物體受力則速度會改變。

上圖所示為在冰面上滑行的冰壺受到摩擦力而逐漸減速，最後完全停止的情景。又，假設摩擦力為固定。

若力的方向和運動的方向不同，則運動方向會改變。

右圖所示為月球受到來自地球的萬有引力，致使運動方向改變的情景。像這樣，當力的方向和運動的方向不一樣的時候，運動方向（速度的箭頭的方向）就會改變。

又，在物理學中，「速度」這個語詞是包括運動方向的意涵在內，所以，如果運動的方向改變了，也是用「速度改變了」、「產生了加速度」來表現。如果只考慮速度的大小，則使用「速率」這個術語。

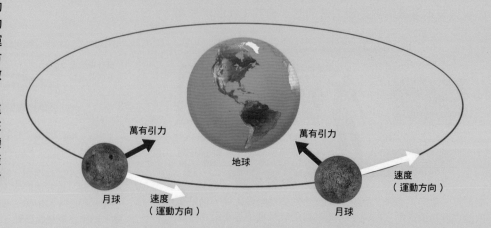

萬有引力

地球

萬有引力

月球

速度（運動方向）

月球

速度（運動方向）

又，在物理學中，減速的場合也是使用「加速度」的語詞。冰面上的冰壺，由於摩擦力等的作用，產生了方向與運動方向相反的加速度（減速），所以最後停止了。

越重的物體越難加速

相同大小的力在作用，是不是會產生相同的加速度呢？答案是不一定。如果自行車的籃子裡裝了很重的東西，會比較難踩動，也就是比較不容易加速。各位有過這樣的經驗吧？這意味著，「越重（質量越大）的物體越難加速」。

雖然是相同大小的力在作用，但若質量增加為2倍，則加速度會減少為2分之1（加速度與質量成反比）。

整理以上所述，可以歸納如下：「物體產生的加速度與作用的力成正比，與質量成反比。」設質量為 m，加速度為 a，力為 F，則「$ma=F$」。這就是運動方程式。只要知道物體的質量（m）和作用於物體的力（F）有多大，就能依據運動方程式計算出物體的加速度（a）。進一步，也能藉此預測物體會沿著什麼樣的軌跡進行運動。

質量越大，加速越難。

下圖所示為沒有載貨而較輕（質量較小）的卡車，和載滿貨物而較重（質量較大）的卡車加速情形的比較。假設加速的力相同，則重卡車的加速度比較小，比較不容易加快速度。

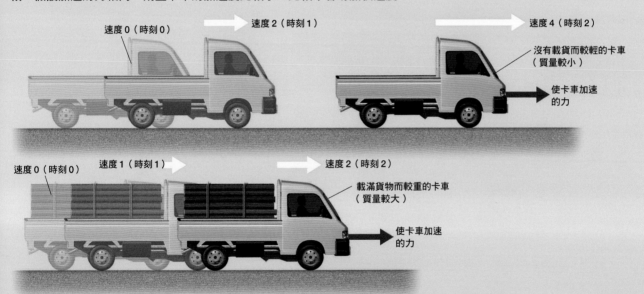

速度0（時刻0）　　　速度2（時刻1）　　　速度4（時刻2）
沒有載貨而較輕的卡車（質量較小）
使卡車加速的力

速度0（時刻0）　速度1（時刻1）　　速度2（時刻2）
載滿貨物而較重的卡車（質量較大）
使卡車加速的力

運動方程式（第二運動定律）

右邊是表示「物體產生的加速度（a）與承受的力（F）成正比，與質量（m）成反比」的式子。如果物體受到多個力（F_1，F_2，……）的作用，則右邊改為「F_1+F_2+……」（多個力相加而成的右邊全體稱為「合力」）。如果可以依據這個式子求出加速度（a）的話，便可以利用「積分」等數學方法，計算出物體的速度及位置（座標）如何隨著時間而變化。

又，在這裡，只考慮了加速度和力的大小，但實際上，和速度一樣，加速度和力都是具有方向的量（向量）。

$$ma=F$$

質量　　加速度　　力

施力者和受力者永遠「對等」

繼「慣性定律」（第一運動定律）和「牛頓運動方程式」（第二運動定律）之後，接著介紹運動三定律的第三個——作用與反作用定律（第三運動定律）。又，這裡所說的「作用」是指力。

捶牆壁時，手會覺得痛的原因是什麼？

一時心煩氣躁，不自覺地一拳捶在牆壁上，結果痛得唉唉叫！你是否有過這樣的經驗呢？

這是因為，拳頭對牆壁施力（作用）的同時，牆壁也對拳頭施加同樣大小的力（反作用）的緣故。或許有點出人意料之外，不過，捶的一方必定會承受和被捶的一方同樣大小的力。

事實上，無論是什麼樣的狀況、什麼樣的力，這個關係都是普遍成立。「A 物體對 B 物體施力（作用）的同時，B 物體也會對A物體施加大小相同而方向相反的力（反作用）」，這就稱為「作用與反作用定律」。所以施力者和受力者永遠「對等」。

地球也承受著來自我們的反作用

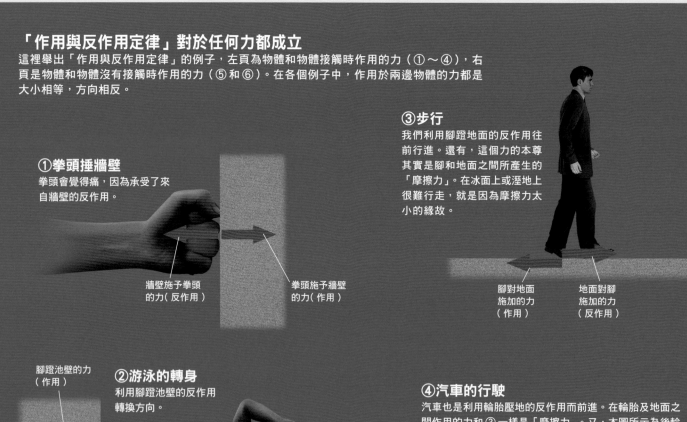

「作用與反作用定律」對於任何力都成立

這裡舉出「作用與反作用定律」的例子，左頁為物體和物體接觸時作用的力（①～④），右頁是物體和物體沒有接觸時作用的力（⑤和⑥）。在各個例子中，作用於兩邊物體的力都是大小相等，方向相反。

①拳頭捶牆壁
拳頭會覺得痛，因為承受了來自牆壁的反作用。

牆壁施予拳頭的力（反作用）

拳頭施予牆壁的力（作用）

③步行
我們利用腳蹬地面的反作用往前行進。還有，這個力的本尊其實是腳和地面之間所產生的「摩擦力」。在冰面上或溼地上很難行走，就是因為摩擦力太小的緣故。

腳對地面施加的力（作用）

地面對腳施加的力（反作用）

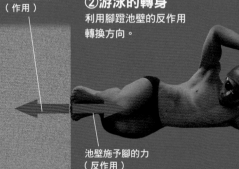

腳蹬池壁的力（作用）

②游泳的轉身
利用腳蹬池壁的反作用轉換方向。

池壁施予腳的力（反作用）

④汽車的行駛
汽車也是利用輪胎壓地的反作用而前進。在輪胎及地面之間作用的力和③一樣是「摩擦力」。又，本圖所示為後輪驅動的車子。

輪胎對地面施加的力（作用）

地面對輪胎施加的力（反作用）

例如，揮動球拍把網球擊回去的時候，應該能透過球拍確實地感受到它的反作用吧！還有，在游泳池裡，我們會利用腳蹬池壁的力的反作用來轉換方向。我們走路的時候、汽車行駛的時候，也是利用來自地面的反作用而前進。

對於在沒有接觸的兩個物體之間作用的力，這個定律也成立。例如，我們的身體被重力（萬有引力）拉向地球中心，而地球也被大小完全相同的力拉向人體。但是，地球非常重（質量很大），受到這個程度的力幾乎不會動（幾乎不會產生加速度。詳見第88頁介紹的「牛頓的運動方程式」），所以我們平常不會察覺到。

最近，天文學家也利用這個道理，探索太陽系外面的行星。一般來說，恆星的質量遠遠大於在它周圍繞轉的行星。例如，地球的質量大約只有太陽的33萬分之1，即使木星也只有太陽的大約1000分之1。

但是，因為恆星是藉由重力拉著行星，所以行星也拉著恆星。而它的影響會使恆星產生微小的類似「顫抖」的運動。在遙遠的地球上，如果偵測到這個恆星的「顫抖」，就能間接地發現暗到很難直接看到的行星。

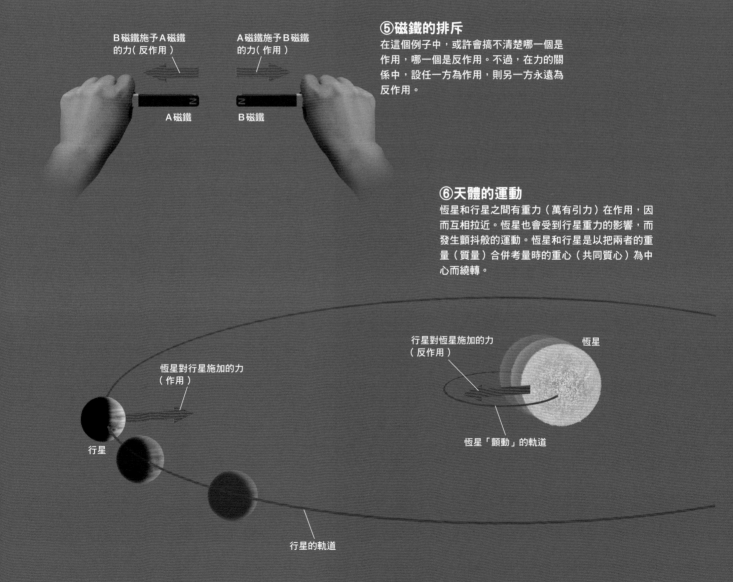

B磁鐵施予A磁鐵的力（反作用）　　　A磁鐵施予B磁鐵的力（作用）

A磁鐵　　　B磁鐵

⑤磁鐵的排斥
在這個例子中，或許會搞不清楚哪一個是作用，哪一個是反作用。不過，在力的關係中，設任一方為作用，則另一方永遠為反作用。

⑥天體的運動
恆星和行星之間有重力（萬有引力）在作用，因而互相拉近。恆星也會受到行星重力的影響，而發生顫抖般的運動。恆星和行星是以把兩者的重量（質量）合併考量時的重心（共同質心）為中心而繞轉。

行星對恆星施加的力（反作用）　　　恆星

恆星對行星施加的力（作用）

恆星「顫動」的軌道

行星

行星的軌道

可以用很小的力移動大質量物體

阿基米德除了發現關於浮力的「阿基米德原理」之外，還發現了一些非常重要的原理，其中之一就是「槓桿原理」。

槓桿是能夠用小力抬起重物的工具。如下方插圖所示，槓桿有支點（支撐槓桿的點）、施力點（施加力的點）、抗力點（承受力的點）這三個點。在棒子的施力點施力往下壓，可以輕鬆地把吊在支點另一側的抗力點的物體抬起來。施力點到支點的距離稱為施力臂，抗力點到支點的距離稱為抗力臂。施力臂比起抗力臂越長，則抬起物體而必須在施力點施加的力可以越小。

例如，假設要利用槓桿，抬起質量10公斤的物體。

如果施力臂和抗力臂一樣長，則抬起10公斤物體必須在施力點施加同樣大小的力。

但是，如果是把施力臂拉長為抗力臂的 5 倍呢？由於力臂為 5 倍，因此所需的力只要 $\frac{1}{5}$ 倍

利用槓桿可以用較小的力把重物抬上來

本圖所示為利用槓桿把質量10公斤的物體抬起來的機制。假設施力點到支點的距離（施力臂）為抗力點到支點的距離（抗力臂）的 5 倍，則抬起抗力點物體所需的力只要 $\frac{1}{5}$ 倍。這稱為「槓桿原理」。

翹翹板是槓桿原理的淺顯例子。兩個坐翹翹板的人能保持平衡的時候，就是在一邊的人到中心（支點）的距離與體重的乘積，等於另一邊的人到中心（支點）的距離乘上體重的積。力臂與力的乘積稱為「力矩」。促使物體環繞支點旋轉的作用稱為「合力矩」（支點周圍的力矩的淨值）。例如，考慮一個物體內的 2 個點分別受力的情形。分別把這 2 個點到中心（支點）的距離，乘上在該點施加的力的大小，如果這 2 個點計算得到的值不相等，就會產生一個合力矩，驅使整個物體朝力矩較大值的點的方向旋轉，這個力即為合力矩。在扭轉螺絲釘的時候，盡量選取粗柄的螺絲起子（或長柄的扳手），會比較容易轉動螺絲釘，就是因為力臂（起子或扳手柄的半徑）比較大，合力矩比較大的緣故。又，如果 2 個點計算得到的值相等，但力矩的方向相反（例如一個力矩使物體順時針方向轉，另一個力矩使物體逆時針方向轉），則合力矩為零，物體不會旋轉而是靜止不動，這就是翹翹板取得平衡的狀態。

在我們的生活周遭，也常可看到槓桿原理的運用，例如剪刀、釘拔、開瓶器等等（右頁的插圖）。各種工具之中，都有支點、施力點、抗力點的存在。施力點的小力在抗力點會成為大力。傳說發現了槓桿原理的阿基米德曾經想要利用這個原理製造武器。此外，據說阿基米德曾經說過：「只要有個支點，我就能用槓桿移動地球。」

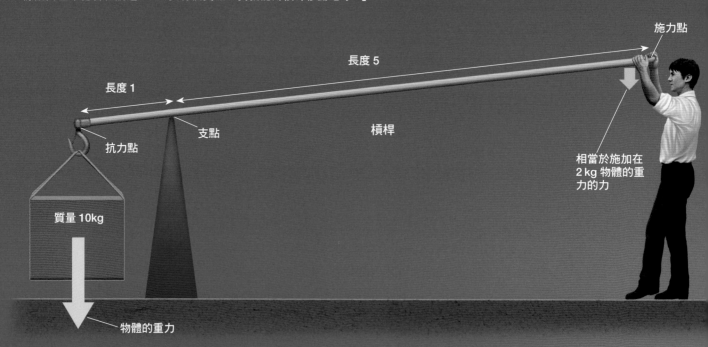

施力點

長度 5

長度 1

槓桿

支點

抗力點

相當於施加在 2 kg 物體的重力的力

質量 10kg

物體的重力

就行了。也就是說，10÷5＝2，只要施加能夠抬起2公斤物體的力，就可以把10公斤的物體抬起來。

翹翹板利用槓桿原理而翹動

　　翹翹板也是利用槓桿原理的簡單易懂的例子。相同體重的兒童坐在翹翹板兩邊，如果一邊的兒童坐的位置距離翹翹板中心（支點）比較遠，翹翹板這邊會往下沉。這是因為，如果把坐在離支點較遠的兒童當作施力點，把坐在離支點較近的兒童當作抗力點，那麼施力點這邊的兒童只需要較小的力就能把抗力點這邊的兒童抬起來。

　　又，假設有兩個不同體重的兒童坐翹翹板，當一邊的兒童到中心（支點）的距離乘上體重的值，和另一邊的兒童到中心（支點）的距離乘上體重的值相等時，翹翹板就可以取得平衡（保持水平）。

生活中利用槓桿的工具

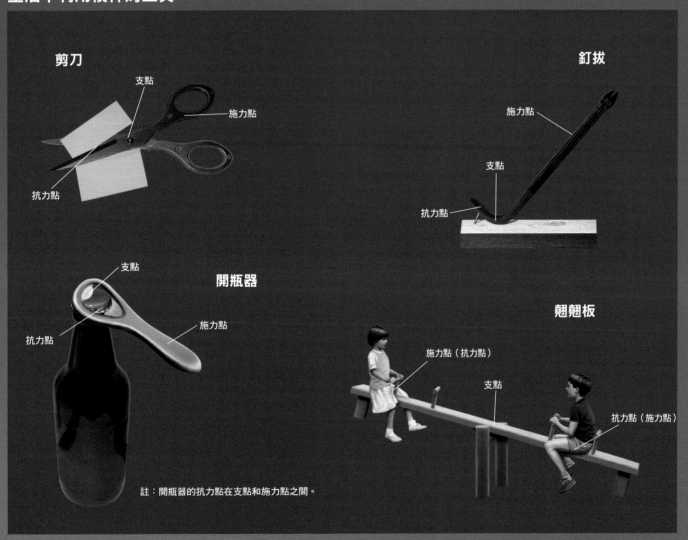

剪刀
支點
施力點
抗力點

釘拔
施力點
支點
抗力點

開瓶器
支點
施力點
抗力點

翹翹板
施力點（抗力點）
支點
抗力點（施力點）

註：開瓶器的抗力點在支點和施力點之間。

即使力減少了，但功的總量沒有改變

　　「槓桿」是能用較少的力抬起物體的便利工具。運用槓桿原理的工具多不勝數，例如「滑輪」就是一個常見的例子。如插圖1所示，如果使用能夠上下移動的動滑輪，因為物體是由2條繩子在支撐，所以拉繩子的人（拉2條繩子之中的1條）只要以該物體重量一半的力拉繩子就行了。

滑輪能夠節省能量嗎？

　　雖然說，只要使用較少的力就行了，但是力減少了，必須持續施力的距離卻變長了。例如，要把質量10公斤的物體拉上10公分，如果使用1個滑輪，則拉的人使用的力只需施加於物體的重力的 $\frac{1}{2}$ 就可以，但拉的距離卻會成為2倍，必須拉繩子20公分。

　　如果像圖中的2那樣，使用多個動滑輪來拉相同質量的物體，又會變成什麼情形呢？因為是使用5個動滑輪，總共10條繩子來支撐物體，所以拉的人只須使用10分之1的力就可以把物體拉上來，但拉的距離卻會成為10倍，必須拉繩子100公分。吊車也是像這樣，使用許多個滑輪拉起重物。

　　第42頁曾經說明，在物理學中把「使物體移動所施的力×移動的距離」稱為「功」，而施力者在這過程中作功。作功的時候，施力者必須消耗能量，所消耗的能量值等於所作的功。把相同質量的物體移動到相同位置時，無論是以什麼方式移動，物體最終獲得的能量都一樣。如果把移動的距離拉長，則使物體移動所需的力可以減少，但使某個物體移動時作功的總量不變。

　　從力的大小的觀點來看，使用多個動滑輪似乎有得到好處，但若從能量的觀點來看，並沒有節省能量（如果考慮摩擦力等因素的話，反而需要更多的能量）。

1.施加的力若是2分之1，拉繩子的距離是多少？

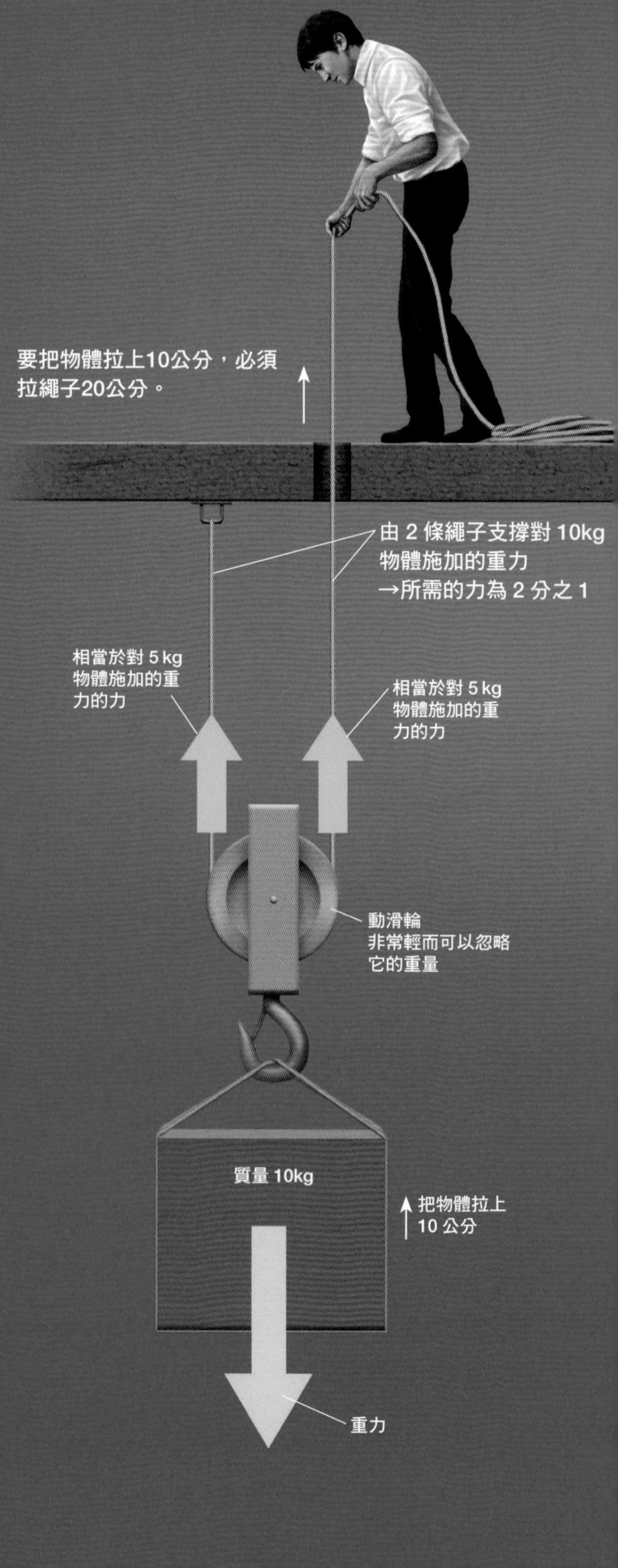

要把物體拉上10公分，必須拉繩子20公分。

由2條繩子支撐對10kg物體施加的重力
→所需的力為2分之1

相當於對5kg物體施加的重力的力

相當於對5kg物體施加的重力的力

動滑輪
非常輕而可以忽略它的重量

質量10kg

把物體拉上10公分

重力

2. 施加的力若是 10 分之 1，拉繩子的距離是多少？

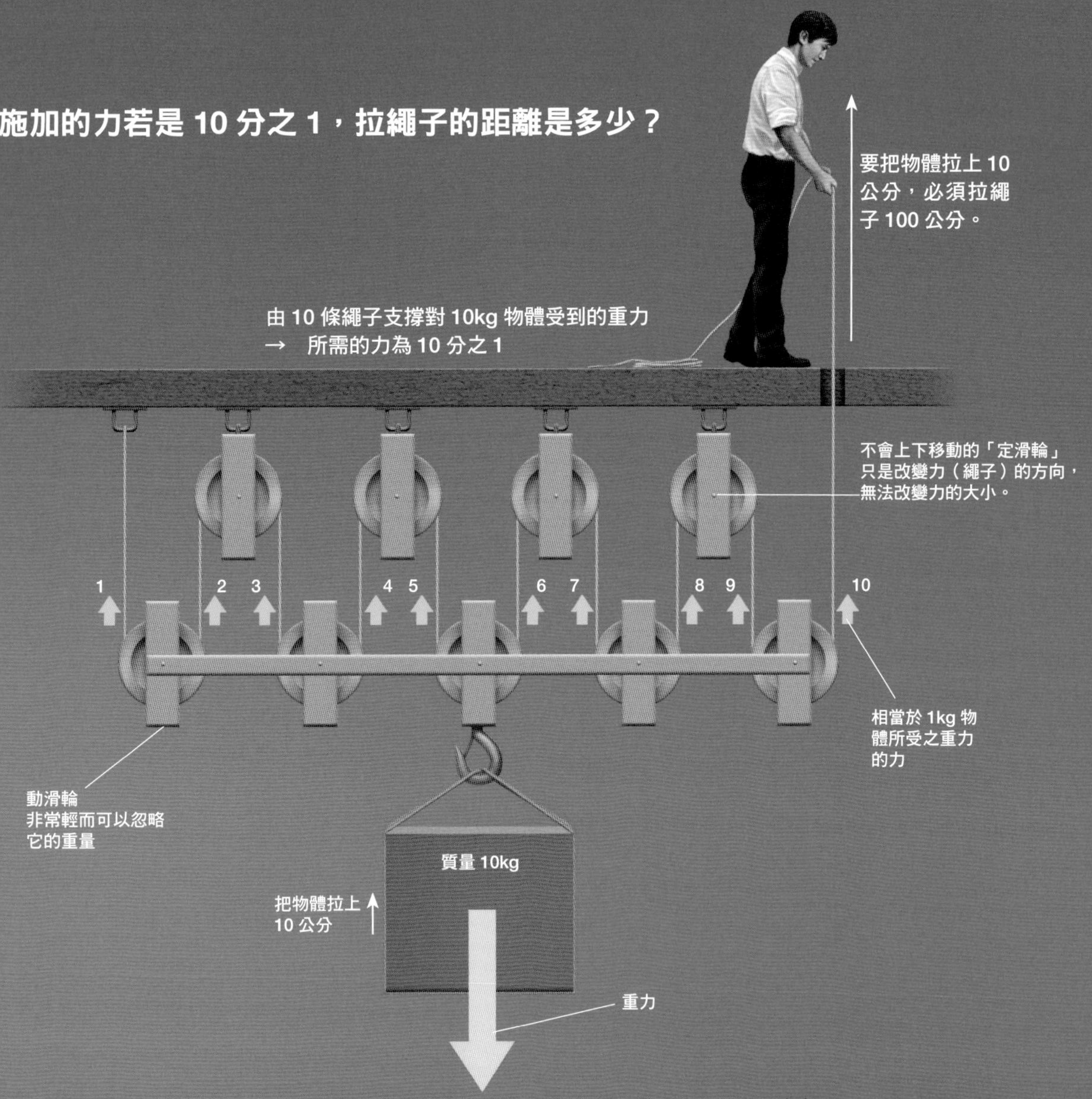

要把物體拉上 10 公分，必須拉繩子 100 公分。

由 10 條繩子支撐對 10kg 物體受到的重力
→ 所需的力為 10 分之 1

不會上下移動的「定滑輪」只是改變力（繩子）的方向，無法改變力的大小。

1 2 3 4 5 6 7 8 9 10

相當於 1kg 物體所受之重力的力

動滑輪
非常輕而可以忽略它的重量

質量 10kg

把物體拉上
10 公分

重力

吊車利用多個滑輪

使用多個動滑輪

物體具有的動量總和不會改變

留下「我思，故我在」這句曠世名言的法國哲學家笛卡兒（（Rene Descartes，1596～1650）也是一位致力闡明潛藏於宇宙中之定律的科學家。

笛卡兒認為，充滿空間的微小粒子製造了「渦」，由於這個「渦」而創造出宇宙中發生的一切事件。他也認為，運動中的物體具有「動量」。笛卡兒相信宇宙是神祇所創造的，因此宣稱：「宇宙整體的動量的總和被神永遠地保存著。」

雖然笛卡兒的「渦」的想法已經遭到否定，但「動量」的觀念直到現在仍然被物理學採用。現代的動量是定義為「物體的質量 m × 速度 v」。又，由於速度包含方向的要素，所以動量也有方向。而「只要沒有受到外力，物體具有的動量總和就不會改變」就是「動量守恆定律」。這個定律已經被牛頓嚴密地證明了。

不知道這個定律，就無法從事太空旅行。靜止在太空中的火箭的動量為 0，一直保持這個樣子的話，火箭不會向前飛行。如果要使火箭前進，只要把燃燒燃料產生的氣體向後方噴出，使氣體具有「向後的動量」就行了。

火箭一開始是靜止不動，所以火箭和氣體的動量的合計應該是一直保持為 0。噴出氣體時，火箭會獲得和噴出氣體的動量大小相同、方向相反的動量，所以火箭會向前飛行。

笛卡兒的「動量」並不完美？

笛卡兒
（1596～1650）

笛卡兒所思考的動量，和現代物理學中所說的動量，是同樣的東西嗎？笛卡兒把動量定義為「物體的大小×速率」。「大小」相當於現在所說的「質量」，但不能視之為完全相同的東西。此外，由於他思考的是速率，而沒有把運動方向納入考量的「速度」，所以也有人認為他並沒有建立正確的動量守恆定律。

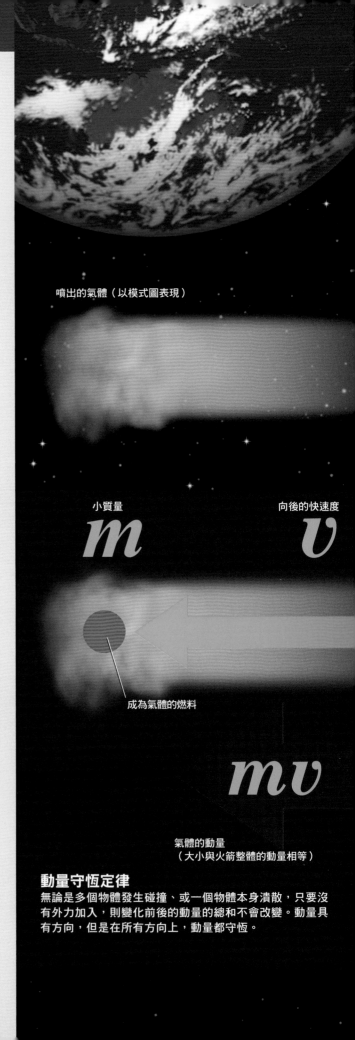

噴出的氣體（以模式圖表現）

小質量 m　　　向後的快速度 v

成為氣體的燃料

mv

氣體的動量
（大小與火箭整體的動量相等）

動量守恆定律
無論是多個物體發生碰撞、或一個物體本身潰散，只要沒有外力加入，則變化前後的動量的總和不會改變。動量具有方向，但是在所有方向上，動量都守恆。

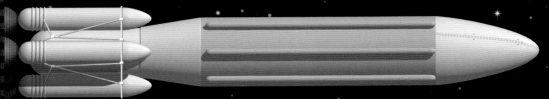

靜止的火箭

本圖為火箭在宇宙空間旅行的想像圖。上方的火箭是作為基準的靜止狀態（動量為0）。這個火箭能夠像下方火箭一樣往右移動，乃是因為動量守恆定律的緣故（頁面下方框起來的地方）。

開始前進的火箭

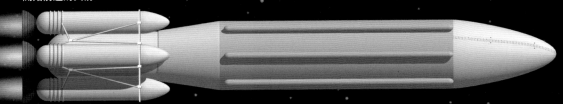

向前的慢速度

V

大質量

M

使用的燃料

以模擬圖表現的燃料

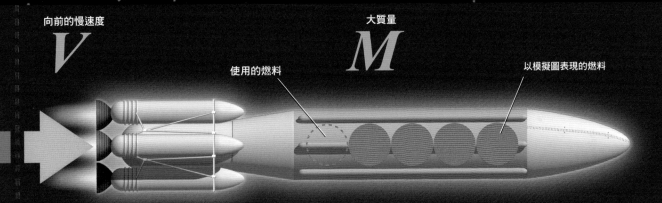

MV

火箭整體的動量
（大小與氣體的動量相等）

$$0 = mv + MV$$

移動前的
動量為0

移動後的動量
總和也是0

沒有向後的動量就無法向前行進

靜止的火箭（動量為0）噴出氣體而往前飛行時，向後方噴出的氣體和向前方移動的火箭的動量總和仍保持為0（動量守恆定律）。也就是說，氣體的動量和火箭的動量必須是大小相等而方向相反。由於「質量×速度」（動量）的值相等，所以為了使質量（M）較大的火箭能以速度 V 向前行進，必須把質量（m）較小的氣體以較快的速度 v 向後噴出。

例如，想像一枚燃料和機體合計300000公斤的火箭。這枚火箭在1秒鐘內把2000公斤的氣體以秒速3公里的速度噴出，則1秒鐘後氣體具有的動量為向後的2000×3＝6000。1秒鐘後火箭整體（300000－2000＝298000公斤）的動量為向前的6000，所以火箭會以秒速大約0.02公里的速度※前進。一直反覆這個過程，火箭就會不斷地加速。

※：速度為「動量÷質量」，所以是6000÷298000＝約0.02。

物體縮小則旋轉速度加快

　　1967年，英國天文學家休伊什（Antony Hewish，1924～）等人在宇宙的遙遠之處發現了奇妙的天體。這個天體宛如外星人在發出訊號似地，以1秒多的週期規則地閃爍著（放出無線電脈波）。

　　這個天體被命名為「脈衝星」（pulsar），但它的真面目在當時仍然是一個謎。想像一個只朝某個方向發光的天體，這個天體在自轉，只有在放出光線的方向剛好朝向地球時，我們才能看到光。這樣的想法可以說明為什麼我們看到的光會一閃一滅。

　　不過，問題是，它的自轉速度太快了。像太陽這樣的恆星，自轉一次要花上大約1個月的時間，跟它比起來實在是慢到不行。而如果自轉的速度太快，強大的離心力應該會導致恆星無法維持形狀才對。

　　解答這個謎題的關鍵，在於「角動量守恆定律」。根據這個定律，可以說明「旋轉的物體縮

依循和花式溜冰相同的定律而形成高速自轉中子星

本圖所示為質量達到太陽的8～25倍的巨大恆星，在燃燒殆盡時，殘留自轉快速的中子星的情景。質量龐大、體積也大的恆星在燃燒殆盡時，再也無法支撐自身的重量，中心急速收縮。恆星的中心有一個含有大量鐵質成分的中心核，收縮時，會在鐵層內部形成中子的「芯」。因此而誕生的中子星，一般來說半徑只有10公里左右，但質量卻和太陽差不多。由於龐大的質量集中在自轉軸附近，所以自轉的速度非常快。自轉一次的時間還不到幾秒鐘。

　　不過，中子星形成的時候，會從中心往外層傳送出角動量，或外層爆炸而吹飛出去，所以會損失一部分角動量。因此，爆炸後的角動量小於爆炸前。

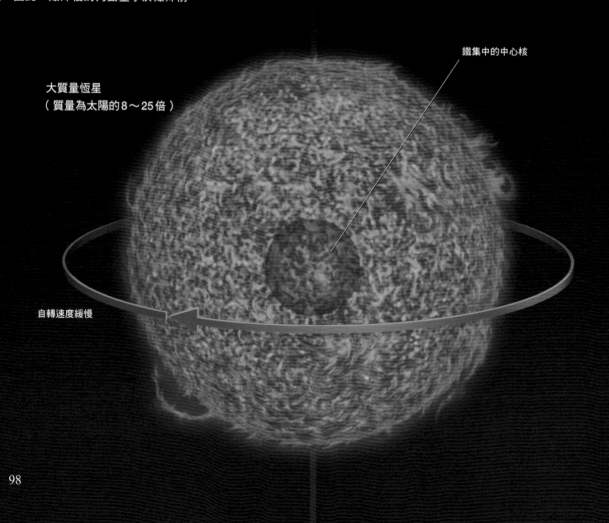

鐵集中的中心核

大質量恆星
（質量為太陽的8～25倍）

自轉速度緩慢

得越小（旋轉半徑縮小），則物體的旋轉速度越快」。物體縮小，則它的自轉會加快。休伊什發現的脈動電波星的本尊，其實是又重又大的恆星結束一生時，中心部分收縮而殘留下來的小「中子星」。中子星的重力非常強大，雖然以高速旋轉，但不會因為離心力而潰散。

　　花式溜冰的高速自轉也是利用角動量守恆定律。把雙臂拉近胸前，再往正上方伸直，則旋轉半徑縮小，體重（質量）集中在自轉軸的附近。這麼一來，就會和中子星一樣，可以提升自轉速度。在冰面上，也和宇宙中一樣，成立角動量守恆定律。

角動量是什麼？

緩慢旋轉　　r大　　v小

高速旋轉　　r小　　v大

「角動量」是依照物體的質量（m）、繞著轉軸運動的速度（v）、旋轉半徑（r）的乘法※計算而得的「旋轉的勁道」。如果沒有從外部加入旋轉的力，則角動量會保持一定（角動量守恆定律）。在中子星及花式溜冰的例子中，旋轉半徑縮小，則旋轉速度變大。又，克卜勒第二定律也可以說是角動量守恆定律的一個例子。行星的公轉速度對應於繞著轉軸運動的速度，旋轉半徑對應於行星與太陽的距離。

※：並非一般的乘法，而是要加上「方向」的考量（向量的外積）。不過，角動量的值為一定，這件事可藉由一般的乘法概念來理解。

質量　　旋轉速度　　旋轉半徑　　恆定

$$m \times v \times r = const.$$

角動量守恆定律

物體的質量（m）、旋轉速度（v）、旋轉半徑（r）這三個的積為固定的值。質量（m）不變的情況下，旋轉半徑（r）越小則旋轉速度（v）越快。相反地，旋轉半徑越大則旋轉速度越慢。

高密度的中子「芯」

收縮的中心部鐵層

中子星（脈衝星）

地球上觀測到的光（無線電波）

旋轉半徑縮到非常小，而能夠高速自轉。

中心部收縮，旋轉半徑變小，自轉速度加快。

高速自轉的花式溜冰的景象

註：如果中子星是和其他伴恆星組成「聯星系」，則伴恆星的物質也有可能會流入中子星，使得中子星的角動量變大。

浮力的大小與排開的水重相同

　　小時候，有沒有玩過泡在浴缸裡把玩具壓入水中的遊戲呢？把玩具壓入水中的手一放開，玩具就浮到水面上來。這是因為有一個把玩具往上推的「浮力」在作用。

　　所謂的浮力，是指水等液體（或氣體）要把進入其中的物體往上推的力。水中的物體承受著來自四面八方的水的壓力（水壓）的作用。在物體上方把物體往下壓的水壓，小於在更深處的物體下方把物體往上推的水壓，這個較大部分的力即成為「浮力」。

　　事實上，這個浮力的大小和把物體沉入水中時排開的水重同等大小。這個重要的原理稱為「阿基米德原理」，名稱來自希臘數學家阿基米德（Archimedes，西元前287年左右～西元前212年）。

　　在這裡，我們利用插圖1-a～1-c來說明「阿基米德原理」。把玩具船放入裝有水的容器中，讓船浮在水面上，那麼沉在水中的部分就是排開的水的部分。也就是說，被排開的水的體積等於船沉在水中之部分的體積（1-a）。

　　還有，船靜止在水面，表示往下拉的船的重量（重力）和往上推的浮力取得平衡（1-b）。根據阿基米德原理，船的重量和船沉在水中所排開的水的重量相等（1-c）。

　　傳說阿基米德曾經接受古希臘的敘拉古國王希倫二世的委託，鑑定一頂皇冠是否為純金打造。因為不能損毀這頂皇冠，促使阿基米德發現了這個原理。

1-a. 船沉在水中，把水排開

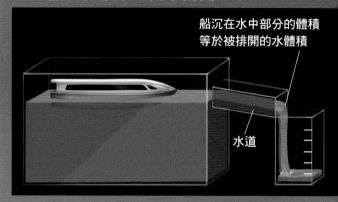

船沉在水中部分的體積等於被排開的水體積

水道

假設有一個裝水的容器，只要水位稍微上升，水就會溢至水道。把玩具船放在水面上，船會下沉到某個程度就靜止不再下沉。在這個過程中，有些水被排開而溢入水道。由此可知，被排開的水體積和船沉水部分的體積應該相等。

浮力是什麼？

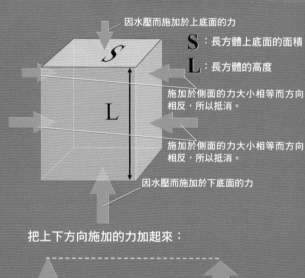

因水壓而施加於上底面的力

S：長方體上底面的面積
L：長方體的高度

施加於側面的力大小相等而方向相反，所以抵消。

施加於側面的力大小相等而方向相反，所以抵消。

因水壓而施加於下底面的力

把上下方向施加的力加起來：

因水壓而施加於下底面的力　　因水壓而施加於上底面的力　　施加於物體的浮力

水中的物體承受來自上下左右各個方向的水的壓力（水壓）。水深越深的地方，其上方的水越重，所以水壓越高。由於水深的差異，使得朝上施加於下底面的水壓大於朝下施加於上底面的水壓。下底面水壓比上底面水壓大的部分，就是浮力。每加深1公分，則每1平方公分增加1公克的水壓。在上圖中，每1公平方公分會增加L公克，乘以下底面的面積S平方公分，得到S×L公克的重量，就等於浮力。又，如果是在同樣深度的地方，則施加的水壓相等，施加於物體側面的水壓和施加於對側的水壓相等，所以互相抵消。

1-b. 船承受和重力同等大小的浮力作用

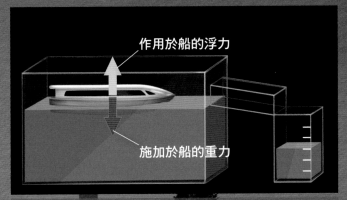

作用於船的浮力

施加於船的重力

船始終受到重力的作用，所以有重量。船浮在水面而靜止不動，表示有一個和船重取得平衡的力，朝著和重力相反的方向在作用，這個力稱為「浮力」。在這裡，浮力＝船重（施加於船的重力）……①。例如，當 1 公噸的船浮在水面時，就是有 1 公噸的浮力作用於船。

1-c. 船的重量和排開的水重量相等

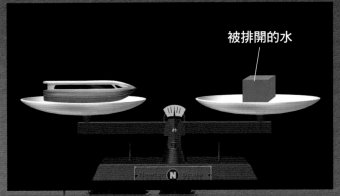

被排開的水

接著，比較一下船的重量和船沉於水中而排開的水的重量。結果得知，船重＝被排開的水重……②。由①和②可知，浮力＝被排開的水重……③。這就是阿基米德原理。每 1 立方公分的水的重量為 1 公克，所以，要讓1000公克的物體浮在水面上，必須排開1000立方公分的水。

阿基米德原理

$$F = \rho V g$$

浮力　　　　　　　　流體的密度　被排開的　　重力加速度
　　　　　　　　　　　　　　　　流體體積

阿基米德原理是指「施加於物體的浮力（F）的大小等於物體排開的流體的重量（ρVg）。所謂的流體，是指水和空氣等非固體的東西。物體的重量和水產生的浮力相等，所以物體能浮在水面上不再下沉。

油壓式千斤頂抬起沉重車輛的機制

更換汽車輪胎時，通常會使用「油壓式千斤頂」把汽車抬起來。這種油壓式千斤頂的機制，可以用以法國科學家帕斯卡（Blaise Pascal，1623～1662）為名的「帕斯卡原理」加以說明。

所謂的帕斯卡原理，是指「在流體的內部，作用於相同高度的面的壓力，每個地方都是相同的大小，而且垂直地作用於面」、「把流體密閉，對流體的一部分施加壓力，則這個施加的壓力就會以相同的大小傳送到流體的每個部分。」

油壓式千斤頂容器裡裝著油液，如果壓下幫浦，這個部分的油壓會升高，然後依循帕斯卡原理，把升高的壓力傳送到容器的各個部分。當然，也會傳送到活塞下方。

油壓式千斤頂是利用活塞下方產生的向上的力，把放在活塞上方的物體往上抬的工具。這個力的大小等於油壓乘上活塞的剖面積。也就是說，活塞的剖面積如果越大，越能產生較大的力。

因此，油壓式千斤頂的活塞的剖面積會做得比幫浦的剖面積大得多。這麼一來，只要用小小的力壓下幫浦，就能在活塞產生很大的力，把活塞上方的物體往上抬。

油壓式千斤頂的機制

油壓式千斤頂是利用容器內油的壓力（油壓），把放在活塞上方的物體往上抬的工具。藉由壓下幫浦所施加的壓力，會依循帕斯卡原理，傳送給剖面積較大的活塞下方的油，因而產生壓力×剖面積的向上力。壓下幫浦而施力的地方，具有槓桿原理的作用，只要用極小的力壓下長桿，就能夠施加極大的力。不過，活塞的上升距離與剖面積大小成反比而變小。

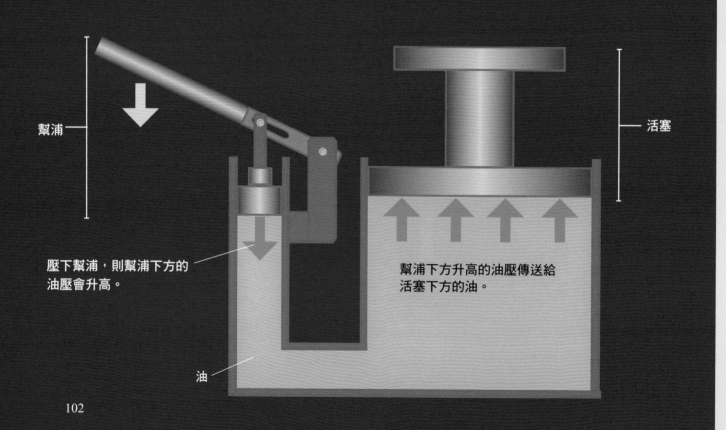

幫浦

活塞

壓下幫浦，則幫浦下方的油壓會升高。

幫浦下方升高的油壓傳送給活塞下方的油。

油

說明足球的球路如何轉彎的定律

關於水的流動和空氣的流動有一個重要的定律，這個定律稱為「柏努利定律」。它指出：液體和氣體沿著曲線（流線）流動時，流體的壓力和每個單位體積的能量總和不會隨著流動而改變。這個定律可以說是流體（液體及氣體）版本的「能量守恆定律」[※]。

其實，在的日常生活中，可以用柏努利定律理解的現象屢見不鮮。例如在足球比賽中，選手踢出去的球的飛行路線，就可以利用柏努利定律加以說明。請仔細觀察，球一邊旋轉一邊在空氣中移動的情形。

球上側的空氣和下側的空氣之中，會有一側的空氣流動方向和球的旋轉方向相同，另一側則相反。球的表面和空氣接觸，流動方向和旋轉方向相同的空氣的流速會變大，而往相反方向流動的空氣的流速會變小。

根據柏努利定律，則沿著一個曲線移動的空氣，無論什麼地方，壓力和單位體積動能的總和都不會改變。因此，空氣的流速越大（動能越大）的地方，壓力越小；流速越小的地方，壓力越大。因此，球的上下方產生壓力差，把球從壓力大的地方推向壓力小的地方，於是球就轉彎了。球的旋轉方向不同，球的轉彎方式也就不一樣。

例如，請看下方插圖的左側。朝著球的行進方向做逆向旋轉的球。球上側的空氣的流動方向和旋轉方向相同，所以，流速加大而壓力減小，相反地，下側的空氣則流速減小而壓力增大。結果，球會由下往上飄。反之，朝行進方向旋轉的球則會由上往下掉。

在水平方向旋轉的場合，從上方俯視為順時針旋轉的球會向右轉彎，逆時針旋轉的球會向左轉彎。

又，球會轉彎的理由，也可以解釋為流向球後方的空氣（尾流）的噴射的反作用所致（插圖右側）。

※：嚴格地說，流動著的流體能量包括其動能及與高度有關的位能，但是球和飛機等物體的高度不大，所以可以忽略物體上方與下方的位能差異，所以本文中只考慮動能。此外，壓力相當於流體單位體積的彈性能量，所以壓力和單位體積的能量可以相加。

球的轉彎可以用柏努利定律加以說明

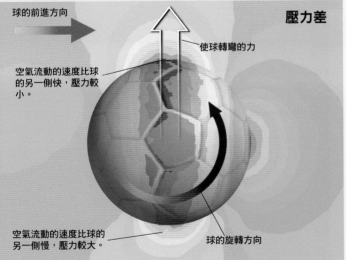

球的前進方向

壓力差

使球轉彎的力

空氣流動的速度比球的另一側快，壓力較小。

空氣流動的速度比球的另一側慢，壓力較大。

球的旋轉方向

本圖所示為球在一邊旋轉一邊飛行時，其周圍的空氣壓力狀態。越偏紅色的部分壓力越低，越接近藍色的部分壓力越高。插圖上側為垂直向上，球上側的空氣流動較快，壓力較低。而球下側的空氣流動較慢，壓力較高。藉由上下兩側的壓力差，球會受到往上方的力（亦即不容易落下）。

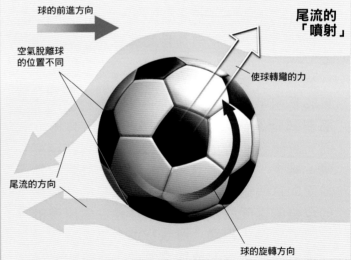

球的前進方向

尾流的「噴射」

空氣脫離球的位置不同

使球轉彎的力

尾流的方向

球的旋轉方向

本圖所示為球在一邊旋轉一邊飛行時，尾流（wake）的方向相對於球的前進方向偏斜。這是因為在球的旋轉與空氣的流動一致的那一側（插圖中為上側），空氣與球分離的位置會往後偏移的緣故。斜向流出的尾流，具有如同火箭的噴射一樣的效果，會推壓球。壓力差產生的力和尾流的「噴射」的反作用聯手使球轉彎。

光及聲波在反射及折射時的定律

我們能在鏡子裡看到物體的影像，是因為照到物體的光反射到鏡子上，又反射到我們的眼睛的緣故。鏡子具有把射來的光幾乎100％反射回去的性質。一般而言，電磁波、聲波之類的波，從一個空間來到性質不一樣的另一個空間，例如從空氣進入水中時，在它們的界面處，波會有一部分反射，其餘部分折射而繼續前進。

波會朝哪個方向（角度）反射和折射，並非恣意而為，而是依循各自的定律。

我們使用插圖1來介紹「反射定律」吧！作一條與反射面垂直的直線（法線），入射波行進方向和法線之間的夾角稱為「入射角」，法線和反射波行進方向之間的夾角稱為「反射角」。根據反射定律指出：反射角的大小和入射角的大小相同。

那麼，「折射定律（司乃耳定律）」的內容又是什麼呢？觀察從A物質進入B物質的波的折射情形（插圖2），法線和折射波行進方向之間的夾角（折射角）之正弦（sine）和入射角的正弦之比始終是保持一定。折射角正弦和入射角正弦的比值，就稱為B物質對A物質的折射率[※]。

波為什麼會折射？為了容易了解，我們使用車輪為例子來說明。想像一下，車輪從柏油路面斜斜地進入沙土地面的場景。比起柏油路面，車輪在沙土地面上更難行駛，亦即速度較慢。結果，左右兩邊的車輪之中，先進入沙土地面的車輪的速度降低了，但還在柏油路面上的車輪的速度並沒有改變，於是左右兩邊的車輪的速度產生差異，導致行進方向轉彎了。

把這個狀況改換成從空氣進入水中的光來想想看。光在水中的行進速度比在空氣中慢，結果發生了和剛才所說的車輪一樣的狀況，光的行進方向轉彎了。也就是說，是因為波在界面兩邊的不同物質中的行進速度產生了差異，所以才會在物質的界面發生波的折射。

波的反射和折射也有定律

光和聲波之類的波，在從空氣進入水中，或從空氣進入玻璃等場合，當抵達不同物質的界面時，一部分會反射，其餘部分會折射而繼續前進。折射的理由，是因為通過界面後，物質改變了，導致波的行進速度隨之改變的緣故。

波的反射角度和折射角度都有定律存在，分別稱為「反射定律」、「折射定律」（司乃耳定律）。

1. 反射定律

法線
入射角　反射角

白色輔助線為
某個瞬間波的
前沿　　　入射波　　　　　　　　　反射波　　A物質

B物質

在物質的界面，波的一部分
反射，其餘部分折射而繼續
穿透。

折射波

波的反射角度等於入射角度
波的反射角度和入射角度以法線為軸成對稱相等。

[※]正確地說，折射角的sin與入射角的sin之比（sin入射角/sin折射角）即為折射率。

2. 折射定律

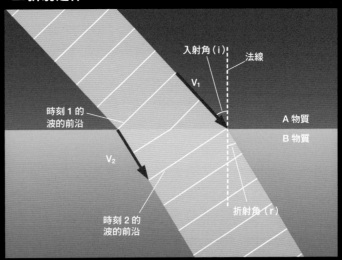

入射角（i）
法線
V_1
時刻 1 的波的前沿
A 物質
B 物質
V_2
時刻 2 的波的前沿
折射角（r）

入射角的正弦和折射角的正弦之比值為恆定

在入射角 i、折射角 r、A 物質中的波速 V_1、B 物質中的波速 V_2 之間，具有 $\sin i / \sin r = V_1 / V_2 =$ 折射率的關係。這個關係稱為折射定律（司乃耳定律），折射率會依界面兩邊物質的種類及組成而異。

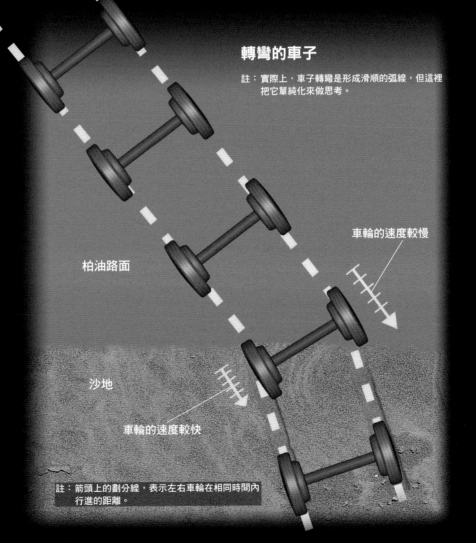

轉彎的車子

註：實際上，車子轉彎是形成滑順的弧線，但這裡把它單純化來做思考。

車輪的速度較慢

柏油路面

沙地

車輪的速度較快

註：箭頭上的劃分線，表示左右車輪在相同時間內行進的距離。

說明波會繞到牆壁背面之原因的原理

水波及聲波在行進途中遇到建築物等障礙物時，會繞過障礙物繼續前進。有一句成語「隔牆有耳」，有時候我們會聽到牆壁另一側的說話聲音吧！但是，光同樣是波，卻不太容易發生這種現象。在陽光普照的大晴天，會形成輪廓清楚的影子，就是這個緣故。而說明這個機制的人，就是發現「惠更斯原理」的荷蘭科學家惠更斯（Christiaan Huygens，1629～1695）。

所謂的惠更斯原理，是用來說明波如何形成波前（波的前沿）的原理：「波前的各個點會產生無數個球面狀（水面波則為圓形）的波。這些球面狀的波相互疊合而產生下一個瞬間的波前」（左頁插圖）。

波長短，則通過障礙物的縫隙後仍然筆直行進

依照這個原理可以說明，波在通過障礙物的縫隙後，是否會繞到障礙物背後繼續前進，乃取決於波長和波通過的縫隙的大小。

惠更斯原理

某個瞬間的波前（波的前沿）的各個點會產生無數個微小的球面狀（水面波則為圓形）的波，稱為「元波」（elementary wave）。下一個瞬間製造的波前，是由這些無數個元波疊合而形成。

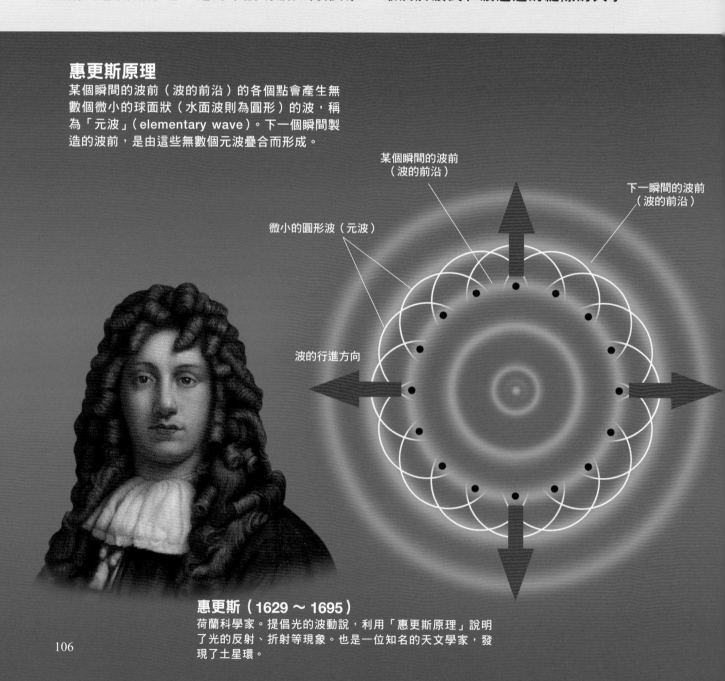

某個瞬間的波前（波的前沿）

下一瞬間的波前（波的前沿）

微小的圓形波（元波）

波的行進方向

惠更斯（1629 ～ 1695）

荷蘭科學家。提倡光的波動說，利用「惠更斯原理」說明了光的反射、折射等現象。也是一位知名的天文學家，發現了土星環。

右頁插圖有詳細的說明。假設有一道成為一直線的波面，由這個波面形成的下一瞬間的波面應該也會是一直線。當遇到障礙物時，如果波的波長比這個縫隙短，那麼通過這個縫隙之後，下一個波面仍然會是直線狀。這麼一來，波就會保持直線的形狀，不太會擴散開來而繼續前進。因此，波就不會傳抵被障礙物擋住的地方。

另一方面，如果波的波長比這個縫隙長，那麼能夠通過這個縫隙的波會減少。這麼一來，

通過縫隙後殘留下來的少數波就會呈扇形擴散開來，因此，波會傳抵被障礙物擋住的地方。

像這樣，波會在小縫隙的背後擴散開來，或是波會繞回到障礙物的影子部分，這樣的現象稱為「繞射」（diffraction）。聲波的波長比較長，容易發生繞射的現象，所以能夠聽到牆壁另一側的說話聲。而光的波長比較短，不容易發生繞射的現象，所以光無法照到建築物等障礙物的背側。 ✎

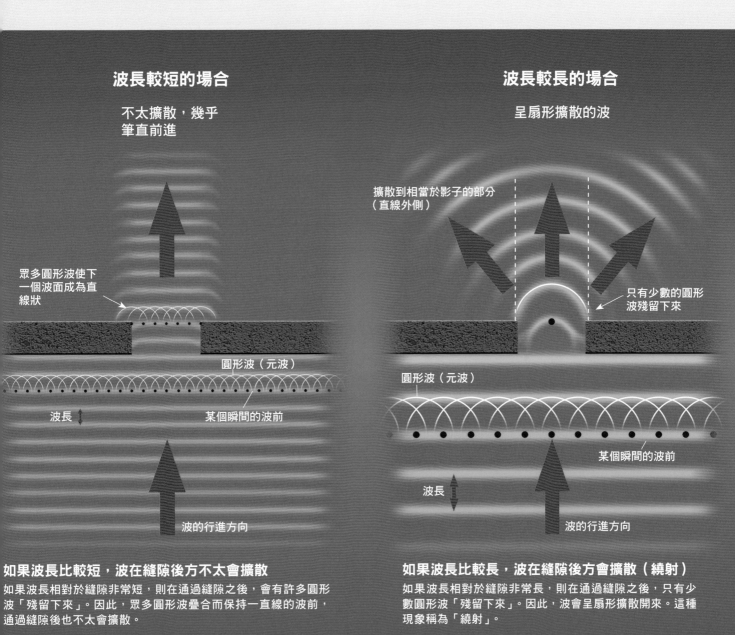

波長較短的場合

不太擴散，幾乎筆直前進

眾多圓形波使下一個波面成為直線狀

圓形波（元波）

波長

某個瞬間的波前

波長

波的行進方向

波長較長的場合

呈扇形擴散的波

擴散到相當於影子的部分（直線外側）

只有少數的圓形波殘留下來

圓形波（元波）

某個瞬間的波前

波長

波的行進方向

如果波長比較短，波在縫隙後方不太會擴散
如果波長相對於縫隙非常短，則在通過縫隙之後，會有許多圓形波「殘留下來」。因此，眾多圓形波疊合而保持一直線的波前，通過縫隙後也不太會擴散。

如果波長比較長，波在縫隙後方會擴散（繞射）
如果波長相對於縫隙非常長，則在通過縫隙之後，只有少數圓形波「殘留下來」。因此，波會呈扇形擴散開來。這種現象稱為「繞射」。

5

電場與磁場的定律

協助　小野輝男／清水由隆／和田純夫／諏訪田 剛

電場與磁場廣泛地運用在電器、醫療儀器等各式各樣的地方。在這方面，有許多定律顯示它們具有密切的關聯。在第 5 章介紹的定律中，包括和「輸電損失」這個從發電廠輸送電流出來時會面臨的大問題有密切關係的定律，以及應用於馬達和發電機而顯示出電場與磁場具有緊密關係的定律等等。

庫侖定律

歐姆定律

電量（電荷）守恆定律

克希荷夫定律

焦耳定律

安培定律

佛萊明左手定律

電磁感應定律

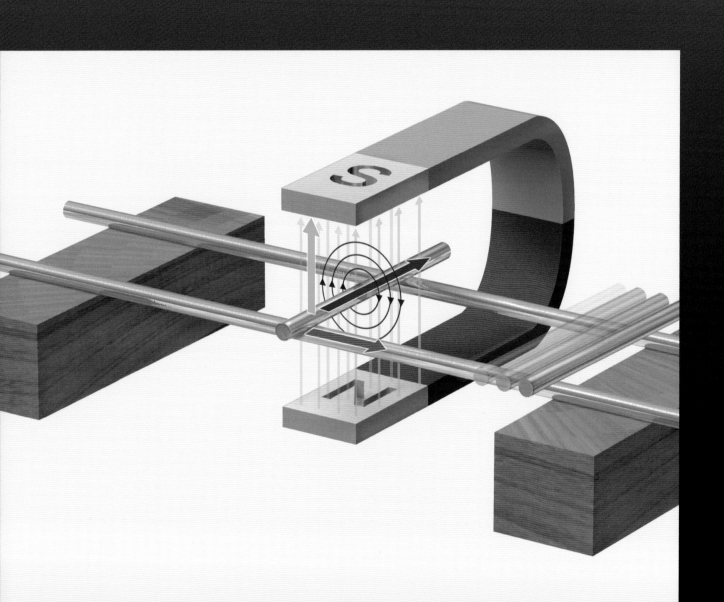

在帶電粒子之間作用之力的定律

就像地球吸引月球（也像月球吸引地球），一切物體之間都有萬有引力在相互作用。同樣地，帶著電荷的粒子彼此之間也有引力和斥力在作用（所帶電荷同號時互相排斥，異號時互相吸引）。

靜止的帶電粒子間的這個交互作用（靜電力）所遵從的規則稱為「庫侖定律」。根據庫侖定律，這個引力（斥力）的大小與各個粒子具有的電量（粒子所帶的電荷的大小）的乘積成正比，與兩個粒子之間的距離的平方成反比。這個規則稱為「平方反比定律」（inverse-square law，反平方律）。

藉由電燈泡來思考平方反比定律

平方反比定律在光的領域和力的領域都成立。最容易想像的平方反比定律，是光的平方

作用於自然界一切物質的「平方反比定律」

插圖所示為利用電燈泡放出的光線的密度，來說明平方反比定律成立的理由。這個平方反比定律在靜電力的領域為「庫侖定律」，在力學領域為「萬有引力定律」。

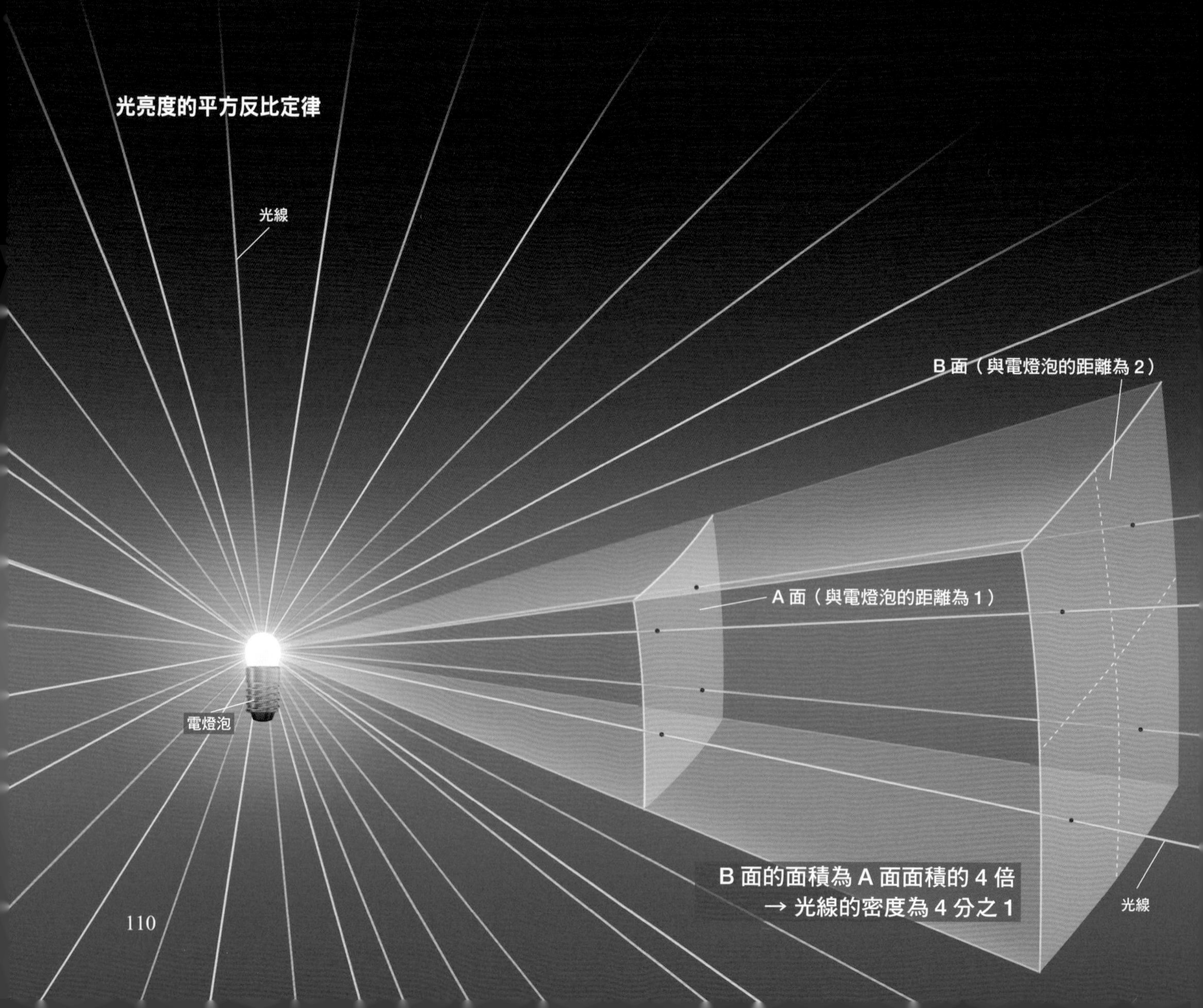

光亮度的平方反比定律

光線

B 面（與電燈泡的距離為 2）

A 面（與電燈泡的距離為 1）

電燈泡

B 面的面積為 A 面面積的 4 倍
→ 光線的密度為 4 分之 1

光線

反比定律：亮度會隨著被照物體與光源的距離的平方成反比而越來越暗。為何會發生這種現象呢？在此配合左頁下方插圖作詳細的說明。

從電燈泡發出無數的光線，設想一個與這個電燈泡（光源）的距離為1的A面，和一個放在2倍遠的地方（距離為2）的B面。A面和B面相當於以光源為頂點的四角錐的底面。也就是說，A面和B面為相似的關係，且B面的面積為A面的面積的4倍。穿透A面和B面的光線

的數量當然相同，但因為B面的面積為A面面積的4倍，所以穿透B面的光線密度只有A面的 $\frac{1}{4}$。光線密度即代表該場所（插圖中為面）的亮度，所以B面亮度為A面亮度的 $\frac{1}{4}$。結果，光的亮度與光源的距離的平方成反比。在庫侖定律中，則可以把光線換成「電力線」來思考。

此外，平方反比定律對於萬有引力定律也是成立。

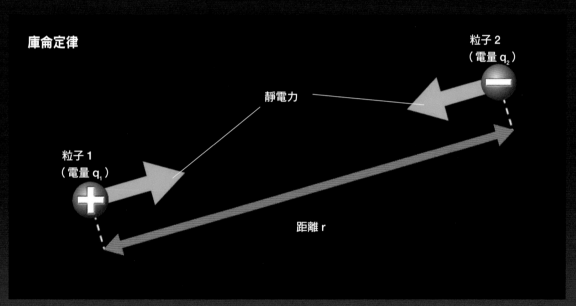

利用平方反比定律和電量的積，來說明帶電粒子間的引力和斥力大小的「庫侖定律」
在帶有電荷的兩個粒子之間作用的靜電引力（或斥力）的大小，乃依循「庫侖定律」。所謂的庫侖定律，是指：「靜電引力（或斥力）與兩個粒子之間的距離的平方成反比（平方反比定律），與兩個粒子具有的電量的乘積成正比。」整理式子如下：設靜電力為F（單位為牛頓：N）、比例常數為k、粒子1的電量為 q_1（單位為庫侖：C）、粒子2的電量為 q_2（單位為庫侖：C）、粒子間的距離為r（單位為m），則 $F=k\dfrac{q_1 \cdot q_2}{r^2}$。這個式子的比例常數k稱為「庫侖常數」，單位為 $N \cdot m^2/C^2$，它的值依兩個帶電粒子的周圍的物質而異。又，利用庫侖定律的這個式子所求得的靜電力的值，若是引力則為負值，若為斥力則為正值（因為兩個粒子的電荷為相同符號則積為正值，兩個粒子的電荷為不同符號則積為負值）。

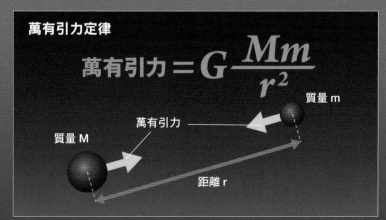

萬有引力定律

$$萬有引力 = G\frac{Mm}{r^2}$$

質量 M   萬有引力   質量 m
距離 r

「萬有引力定律」和「庫侖定律」極為相似
物體與物體之間會藉由萬有引力而互相吸引，計算這個引力大小的公式，和庫侖定律極為相似（左）。引力與該物體之間的距離的平方成反比而減弱（平方反比定律），與這些物體的質量乘積成正比。第144頁有詳細的說明。

表示電流、電壓、電阻之關係的定律

在第1章和第2章中，介紹了電流「安培：A」、電壓「伏特：V」、「電阻：Ω」這三個與電流相關的單位。而表示這三個單位的關係的定律，就是「歐姆定律」。

根據這個定律，電流（I）和電壓（V）成正比，電壓和電阻（R）也是成正比，電流和電阻則成反比。這些關係可以整理成一個式子，電流＝電壓/電阻（電壓＝電阻×電流；V＝R·I）。

電阻的值依導線種類及形狀而異。在相同的導線內導通電流，因相同導線的電阻值固定，所以想要導通較大的電流時，就必須施加相應較高的電壓。而想要使電阻較大的導線流通相同大小的電流時，也需要相應更高的電壓。反過來說，對於電阻較大的導線，如果只是施加相同大小的電壓，則流通的電流會減小。

表示電流、電壓、電阻之關係的「歐姆定律」

電流、電壓、電阻的關係可以用歐姆定律整合在一起。使電阻相同的導線通電，則電壓越高，電流越大。
另一方面，如果施加的電壓相同，則電阻越大的導線，流通的電流越小。

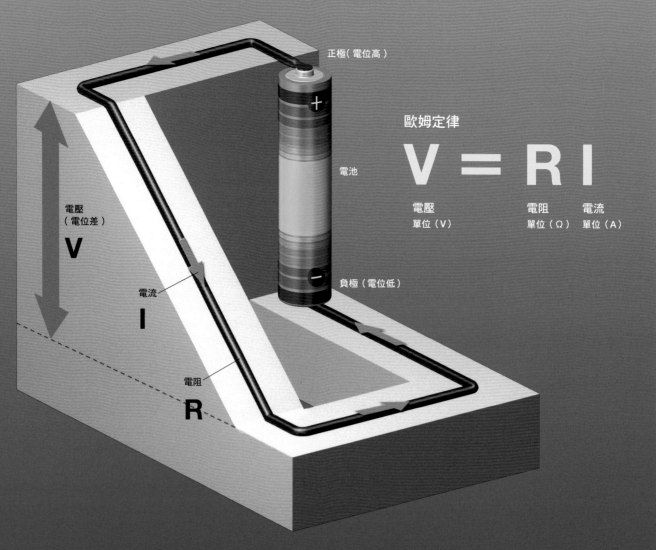

正極（電位高）

電池

負極（電位低）

電壓
（電位差）

V

電流

I

電阻

R

歐姆定律

$$V = RI$$

電壓
單位（V）　　　　電阻　　電流
　　　　　　　　　單位（Ω）　單位（A）

物體間即使電子移動，電量的總和也不會改變

原子裡面，有帶著正電荷的質子和帶著負電荷的電子。原子中所含的質子數和電子數相同，且各個粒子所具有的電量的絕對值也相同，所以原子成為電中性的粒子。也因此，由原子構成的物體基本上也是電中性。

但是，如果把兩個電中性的物體互相摩擦，而使一些電子從一個物體移動到另一個物體。結果，接收到電子的物體變成帶著負電荷，而失去電子的物體則變成帶著正電荷。這時候，從這兩個物體外面看起來，有正、負電荷停留在物體上，該二物體之間因此等電荷產生的作用力，就稱為「靜電力」。

這個時候，如果只看其中一方的物體，則由於電子的移動，導致電量改變了。但若同時考慮兩方的物體，則只是電子在物體之間移動而已，電量的總和並沒有改變。在電子移動的前後，電量的總和沒有變化，像這樣的現象可以整理成「電量守恆定律（電荷守恆定律）」。

關於電路中的電流和電壓的定律

在電路中，常常並不是只有一個電源和電阻，而是包含許多複雜的電流通路。在如此複雜的電路中所流通的電流，就依循「克希荷夫定律」而流動。

克希荷夫定律包含第一定律和第二定律，讓我們一個一個來看。

第一定律是關於電流的定律。根據電荷守恆定律，在電路的途中，電荷不會新生，也不會滅失。也就是說，流進電路某一個點的電流的總和，和從這一點流出去的電流的總和，到最後會相同。這是第一定律。

第二定律是關於電壓的定律。電路中有穩定的電流時，各位置有其特定的電位。也就是說，從電路中的某一點出發，沿著電路繞行一周回到原來的位置時，電位也會回復成原來的電位。結果，電路中存在的電動勢（提高電位的作用）的總和，和電位下降（降低電位的作用）的總和相同。這是第二定律。

電器在每秒間產生的熱量，取決於「電流」和「電阻」

電熱器、電熨斗等電器，一開啟電源，馬上就變熱。這種藉由導通電流而產生的熱稱為「焦耳熱」。這個名稱來自英國物理學家焦耳（James Prescott Joule，1818～1889）。

焦耳把導線浸入水中，再通上電流，進行多項實驗之後，成功地歸納出電流和產生的熱量之間的關係。他在1840年發表論文。這個定律現在稱為「焦耳定律」。

右頁插圖所示，為使用現代裝置重現當年焦耳施行的實驗場景。首先，把「鎳鉻合金線」浸入水中。鎳鉻合金是混合鎳（Ni）和鉻（Cr）製成的合金，該合金的電阻（電流流通的困難度）非常大。把電流通入其中，再用溫度計測量水溫的上升。不斷地改變電流和電阻的大小，反覆實施這項實驗，即可求得電流及電阻和產生的熱量之間的關係。

依據這個實驗歸納出的焦耳定律是：「產生的熱量（Q）和電流（I）的平方及電阻（R）成正比」。也就是說，電流和電阻越大，產生的熱量（焦耳熱）越增加。

發熱的原因是電子的「碰撞」

那麼，為什麼通入電流會產生熱呢？

物質所具有的溫度，從微觀的角度來看，原因在於原子的振動。物質的溫度越高，則構成這個物質的原子的振動越劇烈。

例如，把電流通入導線時，導線裡面有大量電子在流動，這個時候，構成導線的原子會受到大量電子的碰撞。

這裡所說的「碰撞」，是指電子受到原子振動的影響而改變行進方向之意。使電子改變行進方向的原子，會吸收電子的一部分能量，導致振動更劇烈。通入電流的電器會發熱，就是因此緣故。

電器發熱的原因

電熱器

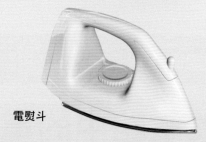
電熨斗

智慧型手機

白熾燈泡

電器導通電流會發熱

電熱器、電熨斗這類電器是直接利用導通電流後所產生的焦耳熱。智慧型手機會發熱也是源自於焦耳熱。白熾燈泡是把產生的熱的一部分轉換成光能而發光。

導出焦耳定律的實驗

把鎳鉻合金線放入水中，通入電流，可以確認水溫會上升，並且可以依據上升的水溫計算所產生的熱量。依據各種條件進行這項實驗之後，最後導出了焦耳定律。

【焦耳定律】

$$Q = I^2 \times R \times t$$

Q：產生的熱量（單位 J：焦耳）

I：電流（單位 A：安培）

R：電阻（單位 Ω：歐姆）

t：電流流通的時間（單位 s：秒）

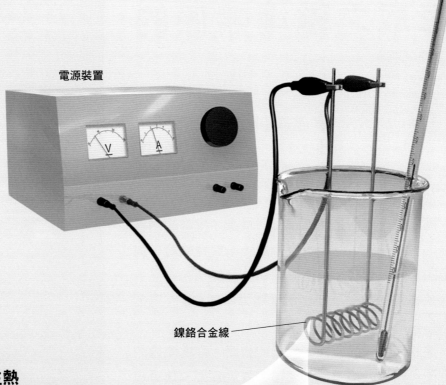

溫度計

電源裝置

鎳鉻合金線

電子和原子的「碰撞」會產生熱

混合鎳和鉻製成的鎳鉻合金線的微觀模式圖。鎳鉻合金線的原子受到電子的「碰撞」，導致振動更加劇烈，於是產生熱。

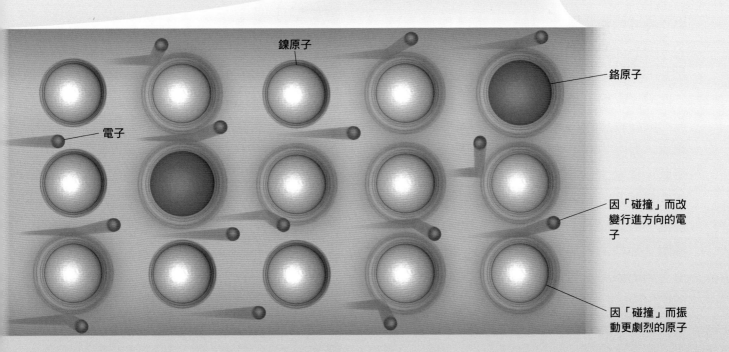

鎳原子

鉻原子

電子

因「碰撞」而改變行進方向的電子

因「碰撞」而振動更劇烈的原子

表示電流和在周圍形成之磁場關係的定律

在第50頁介紹過，電流和磁力之間有著密不可分的關係。在直線狀導線中流通的電流周圍會產生同心圓狀磁場（插圖1）。這個磁場的方向乃依電流的方向而定。

請回憶一下，扭轉螺絲釘的情景。把導線內流通的電流方向，想像成螺絲釘（右旋螺絲釘）前進的方向。此時，你想要使螺絲釘旋轉的方向，就是磁場的方向（Ｎ極承受磁力的方向）。這個關係稱為「右手螺旋定律」。

這時產生的同心圓狀磁場的強度，可由流通的電流和同心圓的半徑來求得。電流越大，離導線越近的地方（亦即同心圓的半徑越小），則磁場的強度越大。這個定律是由法國物理學家安培（André-Marie Ampère，1775～1836）所提出，因此稱為「安培定律」（插圖1的式子）。

把導線環繞成好幾圈，會是什麼情況……？

此外，安培更利用右手螺旋定律，闡明了通入電流的線圈會變成電磁鐵。在直線狀導線中通入電流，會產生同心圓狀磁場。那麼，把導線捲成環狀，會發生什麼情況呢？在導線的周圍，會產生在插圖2所看到的磁場。因此，把導線繞轉好幾圈而製成線圈，再把電流通入線圈內，那麼像插圖2那樣的磁場會重疊在一起，變成在插圖3所看到的磁場集團，於是能夠獲得強大的磁力。

線圈周圍會形成什麼樣的磁場？

把導線通入電流，會產生磁場。在直線電流周圍產生的磁場，可利用「右手螺旋定律」來說明它的方向（插圖1）。把這種直線電流的磁場進一步發展，即可說明把導線從直線彎成了環狀（插圖2），再從環狀捲成線圈狀（插圖3）時，所產生的磁場的方向。

1. 在直線電流周圍產生的磁場和安培定律

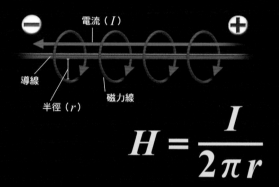

電流（I）
導線
半徑（r）
磁力線

$$H = \frac{I}{2\pi r}$$

如上方插圖所示，在直線狀導線中通入電流，會產生方向依循右手螺旋定律的同心圓狀磁場。在各個同心圓的圓周上，磁場的強度都相同。設同心圓的半徑為r，則圓周長為$2\pi r$。這個圓周長$2\pi r$和磁場的強度（H）相乘的值，即為流通的電流（I）的大小，亦即$I = 2\pi r \cdot H$。把這個式子變形一下（上方的式子），即可求得因直線電流而產生的磁場的強度。

2. 在環狀電流周圍產生的磁場

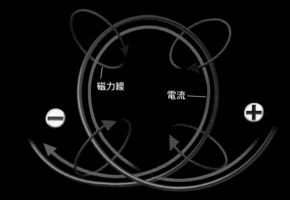

磁力線
電流

3. 在線圈周圍產生的磁場

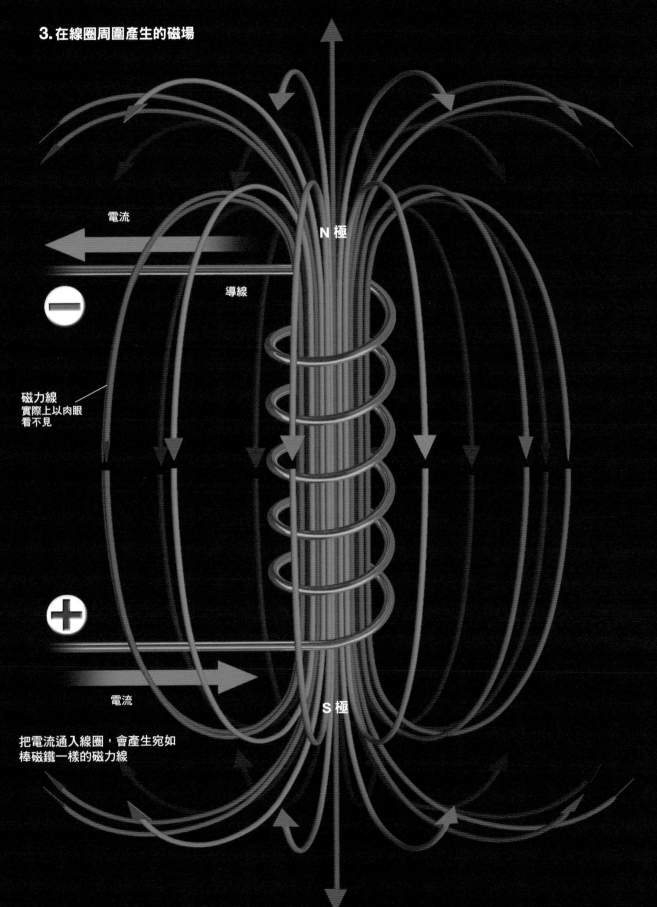

電流

導線

磁力線
實際上以肉眼
看不見

N 極

S 極

電流

把電流通入線圈，會產生宛如
棒磁鐵一樣的磁力線

記住磁場、電流、力這三個方向之關係的方法

　　磁力作用的空間稱為「磁場」。如插圖所示，在磁鐵的 N 極和 S 極之間的磁場中，有 1 條導線（插圖中為短鋁棒）。把「電流」通入這條導線中，則在導線中流通的電流會受到來自磁場的既定方向的「力」。這個時候，我們可以用左手來表示磁場的方向、電流的方向、力的方向這三者的關係，稱為「佛萊明左手定律」。

使用食指、中指、拇指

　　佛萊明左手定律是由英國電機工程師佛萊明（John Ambrose Fleming，1849～1945）所提出。佛萊明於1885年擔任倫敦大學電機工程系教授，由於學生經常搞錯磁場方向、電流

方向、力的方向三者的關係，所以他想出了簡單好記的佛萊明左手定律[※]。

　　這個定律使用左手的食指、中指、拇指。首先把這 3 根手指彎曲，使其分別垂直（參照插圖）。然後，將中指朝著電流的方向（從電源的正極到負極的方向），食指朝著磁場的方向（從 N 極到 S 極的方向），則拇指所指的方向即為力的方向。

磁場和磁場重疊

　　作用於導線的力的方向，是如何決定的呢？

　　電流會在導線的周圍製造同心圓狀磁場。這個磁場的方向相對於電流的行進方向是右旋。

把電流通入磁場中的導線，導線會受到力的作用

把 2 根長鋁棒穿過磁鐵的 N 極和 S 極之間，上頭放一根短鋁棒。把長鋁棒接通電源，則短鋁棒會移動。這是因為短鋁棒在電流通入之後，受到了力的作用。力的作用方向，可依循佛萊明左手定律加以簡單地說明。

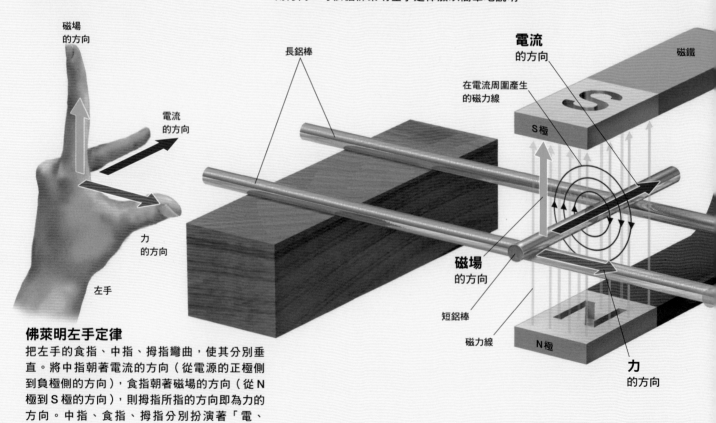

磁場
的方向

電流
的方向

力
的方向

左手

長鋁棒

電流
的方向

磁鐵

在電流周圍產生
的磁力線

S 極

磁場
的方向

短鋁棒

磁力線

N 極

力
的方向

佛萊明左手定律
把左手的食指、中指、拇指彎曲，使其分別垂直。將中指朝著電流的方向（從電源的正極側到負極側的方向），食指朝著磁場的方向（從 N 極到 S 極的方向），則拇指所指的方向即為力的方向。中指、食指、拇指分別扮演著「電、磁、力」的角色。

在導線周圍所製造的磁場會和磁鐵所製造的磁場重疊。

　重疊的磁場在磁場方向相同的空間會增強，在方向相反的空間會減弱。也就是說，導線周圍的磁場強度會產生差異。結果，為了抵消磁場強度的差異，會產生一個從磁場較強的空間往磁場較弱的空間的力，作用於導線上。

　又，導線承受的力，可以想像成是一個個電子所承受的力的合計。而電子等帶電粒子在磁場中移動之際所承受的力，稱為「羅倫茲力」（Lorentz force）。

力的作用促使線圈旋轉

　我們身邊有不少器物，是利用這種作用於導線的力。例如，使用電池驅動工程用的馬達。工程用的馬達是在磁場所夾的空間內配置由導線捲成的線圈。把電流通入線圈，就會依循佛萊明左手定律而產生力作用於線圈，驅使線圈旋轉。

　馬達的線圈的基部，裝有一種宛如把圓筒切成兩半的零件，稱為「整流器」。當線圈旋轉180度時，整流器會使線圈內的電流的流動方向反轉。因此，作用於線圈的力始終朝相同的旋轉方向作用，線圈也就一直轉個不停。

※佛萊明在提出「佛萊明左手定律」的同時，也提出了「佛萊明右手定律」。如果使導線在「磁場」中「運動」，則會產生朝既定方向流動的「電流」。佛萊明右手定律是以右手的食指、拇指、中指來分別表示磁場的方向、運動的方向、電流的方向三者的關係。

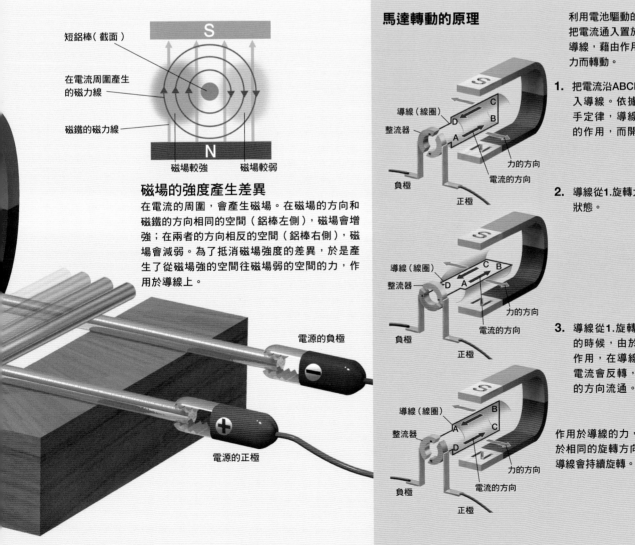

短鋁棒（截面）

在電流周圍產生的磁力線

磁鐵的磁力線

磁場較強　　磁場較弱

磁場的強度產生差異

在電流的周圍，會產生磁場。在磁場的方向和磁鐵的方向相同的空間（鋁棒左側），磁場會增強；在兩者的方向相反的空間（鋁棒右側），磁場會減弱。為了抵消磁場強度的差異，於是產生了從磁場強的空間往磁場弱的空間的力，作用於導線上。

電源的負極

電源的正極

馬達轉動的原理

利用電池驅動的馬達，是把電流通入置於磁場中的導線，藉由作用於導線的力而轉動。

1. 把電流沿ABCD的方向通入導線。依據佛萊明左手定律，導線會受到力的作用，而開始旋轉。

導線（線圈）
整流器
負極
力的方向
電流的方向
正極

2. 導線從1.旋轉大約90°的狀態。

導線（線圈）
整流器
負極
力的方向
電流的方向
正極

3. 導線從1.旋轉大約180°的時候，由於整流器的作用，在導線中流通的電流會反轉，沿DCBA的方向流通。

導線（線圈）
整流器
負極
力的方向
電流的方向
正極

作用於導線的力，永遠施加於相同的旋轉方向上，所以導線會持續旋轉。

磁場的變動會產生電流

從很早的年代，人們就已注意到電和磁的存在，知道琥珀（樹脂硬化形成的化石）等物摩擦會產生靜電、天然磁鐵能吸引鐵、指示方位等等。

但是，長期以來，人們一直認為電和磁是截然不同東西。直到19世紀，才漸漸發現電和磁之間具有無法切割的密切關係。

1820年，丹麥的物理學家厄斯特（Hans Christian Oersted，1777～1851）在偶然之間發現，把電流通入導線之後，放在它的周圍的磁針會移動（左頁的左圖）。這意味著，電流的周圍會產生磁場。磁針有如沿著磁力線受到磁力的作用。

磁場變化會產生電場

「如果電流會產生磁場，那麼相反地，磁場會不會產生電場呢？」英國物理學家兼化學家法拉第（Michael Faraday，1791～1867）發出了這樣的疑問。法拉第把磁鐵放在由導線捲成的螺旋狀線圈裡面，並沒有電流產生。但是他

電場和磁場的不可分割的關係

電流會產生磁場（左頁的左圖），磁場變化會產生電流（左頁的右圖，電磁感應定律）。我們的生活中不可或缺的發電機，就是利用電磁感應定律（右頁插圖）。

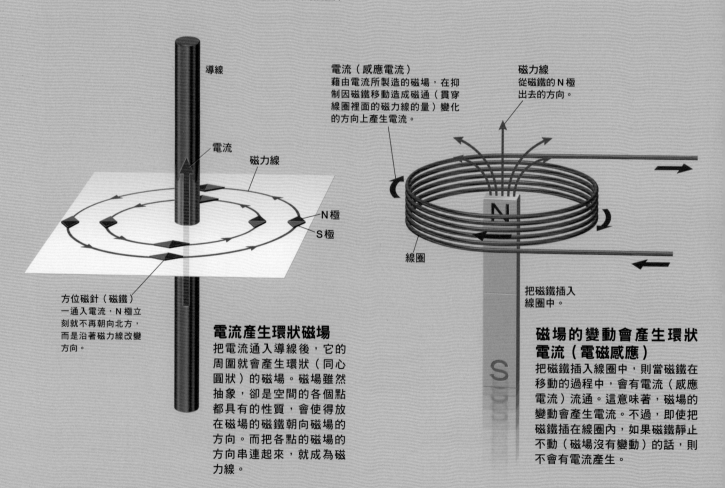

導線

電流

磁力線

N極

S極

方位磁針（磁鐵）
一通入電流，N極立刻就不再朝向北方，而是沿著磁力線改變方向。

電流產生環狀磁場
把電流通入導線後，它的周圍就會產生環狀（同心圓狀）的磁場。磁場雖然抽象，卻是空間的各個點都具有的性質，會使得放在磁場的磁鐵朝向磁場的方向。而把各點的磁場的方向串連起來，就成為磁力線。

電流（感應電流）
藉由電流所製造的磁場，在抑制因磁鐵移動造成磁通（貫穿線圈裡面的磁力線的量）變化的方向上產生電流。

磁力線
從磁鐵的N極出去的方向。

N

線圈

把磁鐵插入線圈中。

磁場的變動會產生環狀電流（電磁感應）
把磁鐵插入線圈中，則當磁鐵在移動的過程中，會有電流（感應電流）流通。這意味著，磁場的變動會產生電流。不過，即使把磁鐵插在線圈內，如果磁鐵靜止不動（磁場沒有變動）的話，則不會有電流產生。

發現，如果把磁鐵在線圈裡面移動，就會產生電流了（左頁的右圖。不過，1831年最初引起法拉第注意到這件事的實驗是比這個稍微複雜一點的實驗）。

這意味著「增減貫穿線圈的磁力線的量，會使線圈產生電壓，因而流通電流」，這稱為「電磁感應定律」。

我們的生活中不可或缺的發電機，就是利用電磁感應定律的典型例子。發電機藉著旋轉放在線圈旁邊的磁鐵，而產生了電流（交流電）（右頁的插圖）。這是因為藉由磁鐵的旋轉，可以增減貫穿線圈的磁力線的量，所以才會產生電流。

例如火力發電廠，利用燃燒化石燃料之際產生的熱製造水蒸氣，再利用高壓的水蒸氣轉動渦輪機，帶動連結於渦輪機的磁鐵轉動，藉此產生電流。

發電機的機制可以說是馬達的相反。馬達是利用在電流流通的線圈和磁鐵之間作用的力，產生旋轉的力（詳見第118頁介紹的「佛萊明左手定律」）。而發電機是相反地，利用磁鐵旋轉造成的磁場變化，在線圈產生電流。

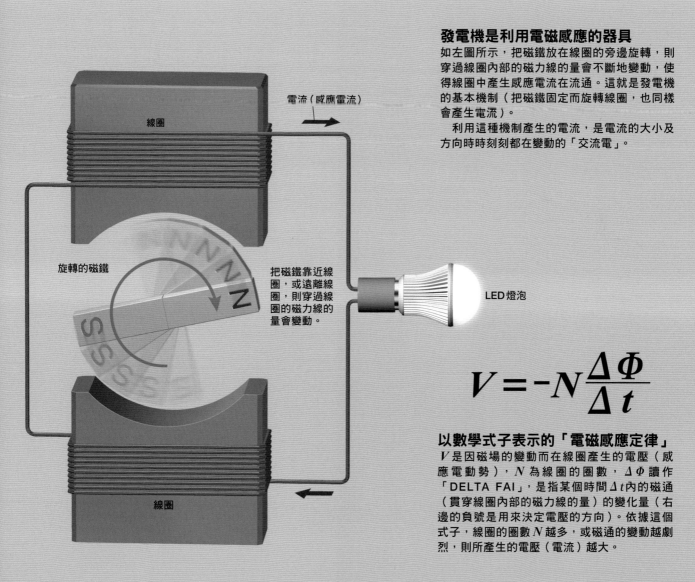

發電機是利用電磁感應的器具

如左圖所示，把磁鐵放在線圈的旁邊旋轉，則穿過線圈內部的磁力線的量會不斷地變動，使得線圈中產生感應電流在流通。這就是發電機的基本機制（把磁鐵固定而旋轉線圈，也同樣會產生電流）。

利用這種機制產生的電流，是電流的大小及方向時時刻刻都在變動的「交流電」。

電流（感應電流）

線圈

旋轉的磁鐵

把磁鐵靠近線圈，或遠離線圈，則穿過線圈的磁力線的量會變動。

LED燈泡

線圈

$$V = -N \frac{\Delta \Phi}{\Delta t}$$

以數學式子表示的「電磁感應定律」

V 是因磁場的變動而在線圈產生的電壓（感應電動勢），N 為線圈的圈數，$\Delta \Phi$ 讀作「DELTA FAI」，是指某個時間 Δt 內的磁通（貫穿線圈內部的磁力線的量）的變化量（右邊的負號是用來決定電壓的方向）。依據這個式子，線圈的圈數 N 越多，或磁通的變動越劇烈，則所產生的電壓（電流）越大。

與能量有關的定律

協助　和田純夫／渡部潤一

自然界有電能、熱能、化學能等等各種能量存在。這些能量能夠變換成其他種類的能量，但不管如何變換，在變換的前後，總量都不會改變，這稱為「守恆定律」。在第6章中，將介紹能量守恆定律以及熵增定律（熱力學第二定律）。

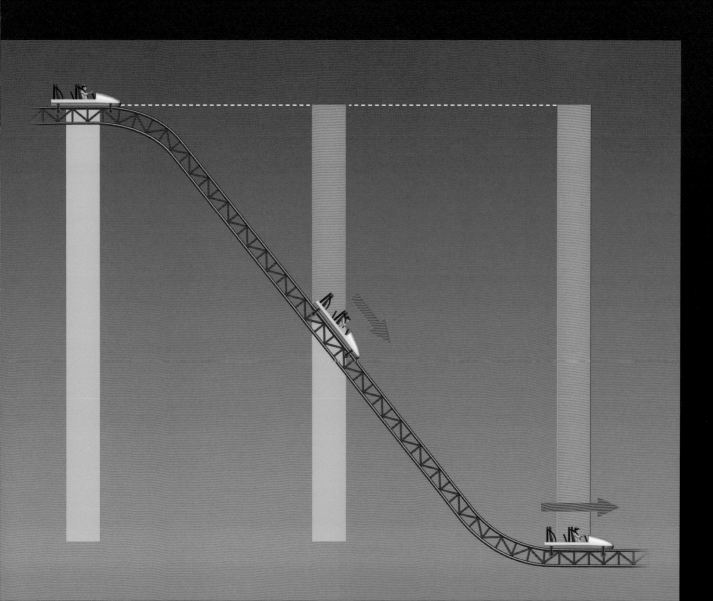

能量的總量不會改變

「守恆定律」的重要性不亞於運動三定律。所謂的守恆定律，是指「某個量不會因為時間的經過而改變」的意思。在這裡，我們來看看三個守恆定律。

即使形態改變，總量也會守恆的能量

在自然界中，有熱能、光能、聲能（空氣振動的能量）、化學能（儲存於原子和分子的能量）、核能（儲存於原子核的能量）、電能等等各式各樣的能量。

這些能量可以在彼此之間移轉變換。例如，太陽能發電是把光能轉換成電能，而喇叭則是

各式各樣的能量形態

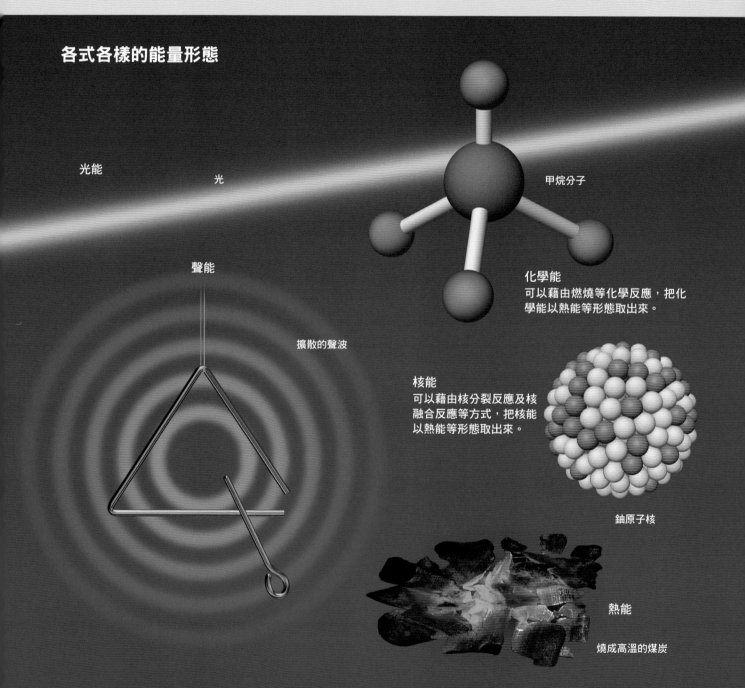

光能

光

甲烷分子

聲能

化學能
可以藉由燃燒等化學反應，把化學能以熱能等形態取出來。

擴散的聲波

核能
可以藉由核分裂反應及核融合反應等方式，把核能以熱能等形態取出來。

鈾原子核

熱能

燒成高溫的煤炭

利用電能產生聲能。

　所謂能量，可以說是指「能夠產生力，使物體運動的潛在能力」。例如，我們的身體是利用食物的能量（化學能），以取得活動身體的力。如果利用太陽能電池板將光能轉換成電能，也可以用來驅動電梯。

　無論如何轉換，能量的總量都不會有所增減，而且永遠保持固定不變。這稱為「能量守恆定律」。

　或許你會認為：既然能量不會減少，那麼就「不需要省電節能」了吧？可千萬別這麼想。例如，使用電熱器把電能轉換成熱能時，熱能會使房間裡面溫暖起來，但逸散到室外的熱能再也無法回收利用了。因為能量守恆，只要把流失的能量納入考量，能量的總量依然維持不變。

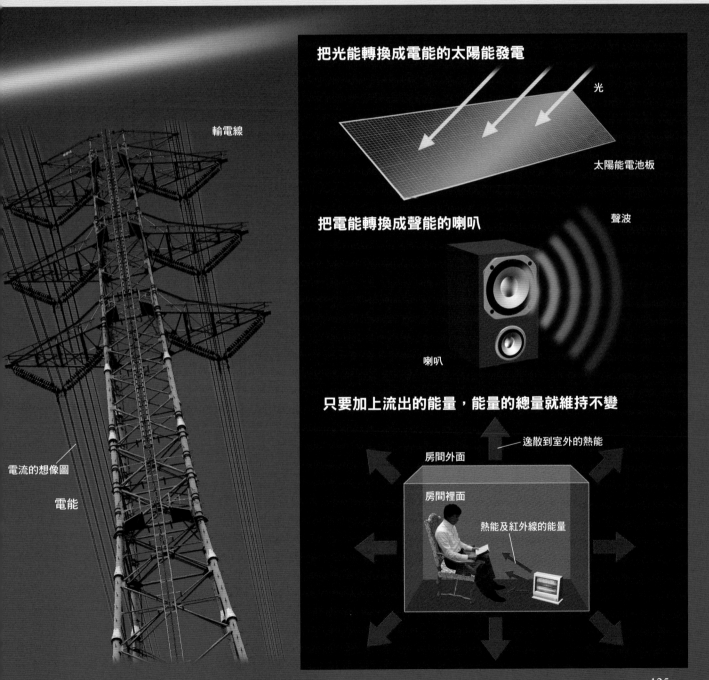

輸電線

電流的想像圖

電能

把光能轉換成電能的太陽能發電

光

太陽能電池板

把電能轉換成聲能的喇叭

聲波

喇叭

只要加上流出的能量，能量的總量就維持不變

逸散到室外的熱能

房間外面

房間裡面

熱能及紅外線的能量

位能和動能的總量保持不變

在這一頁，我們要來看看，能量守恆定律當中，與力有關的能量「動能」和「位能」的守恆定律「力學能守恆定律」。

乘坐雲霄飛車往下衝的過程中，能量的總量保持一定

假設撞球中具有某個速度的 A 球碰撞 B 球，B 球會受力而彈飛出去。也就是說，具有速度的 A 球本身擁有產生力的潛在能力，亦即能量。這個能量稱為「動能」。越重（質量越大）的球，或速度越快的球，越能把其他球撞得更遠。所以，質量和速度越大，則動能應該會越大。動能可用「$\frac{1}{2} \times$ 質量 $\times$（速率）^{2}」的式子求出。

接著，我們來看看雲霄飛車的例子，當位於高處的雲霄飛車，沿著斜面軌道往下衝的時候，由於重力的關係，速度越來越快，因此獲得動能。由於能量的總量應該是不變的，所以雲霄飛車位於高處時本身即具有能量。這個能量稱為「位能（位置能量）」。位能可以說是從重力得來的能量。

雲霄飛車的位置越高，滑下斜面軌道時得到的加速度越大，到最低處時的動能（速率）也越大。也就是說，位置越高，位能越大。事實上，位能可用「重力 $\times$ 高度（＝質量 $\times$ 重力加速度 $\times$ 高度）」的式子求算。

假設不計斜面軌道的摩擦力，則根據能量守恆定律，雲霄飛車的動能和位能的總量會保持一定。在斜面的最高處時，位能為總量的100％，動能為0％；降到一半的高度時，位能為50％，所以動能為剩下的50％；在最低處，位能為0％，所以動能為100％。

高度 10 公尺
位能：100%
動能：0%

動能和位能的總量保持不變

物體所具有的能量當中，有因運動而化為能量的「動能」，和位於高處而由重力得來的「位能」。這個動能和位能的總和會保持一定，稱為「力學能守恆定律」。插圖所示為以雲霄飛車為例，來了解這個定律。插圖中的棒狀圖，表示動能和位能的內容，綠色為位能，粉紅色為動能。由圖可知，隨著雲霄飛車從最高處到最低處，位能所占的比例漸漸減少，動能所占的比例則相應漸漸增加。

能量的總量為一定

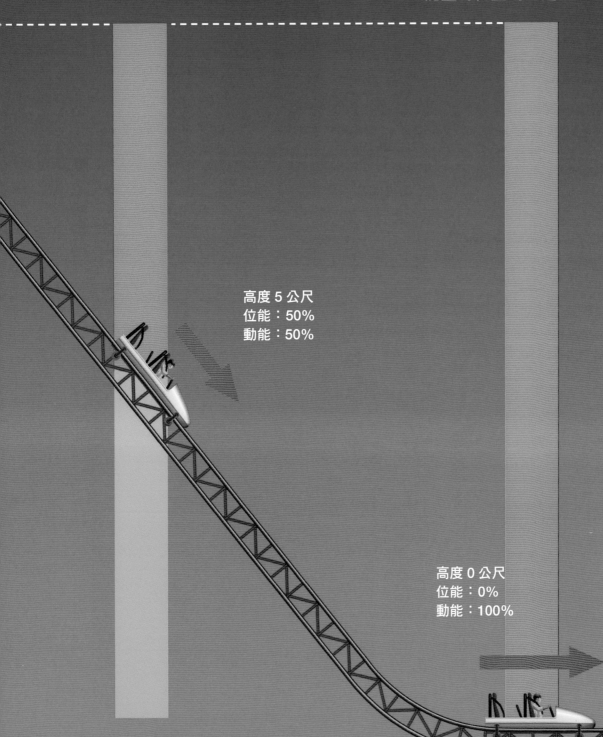

高度 5 公尺
位能：50%
動能：50%

高度 0 公尺
位能：0%
動能：100%

127

逐漸移轉到沒有偏倚的狀態

　　熱飲會自行冷卻，但是冷飲不會自己變熱。這個過程不會逆轉。

　　像這樣，只會朝著單一方向發展的過程，可以利用「熵增定律」來加以說明。熵（entropy）是表示「物質狀態均勻程度」的一個能量總數：熵的數值越大時，物質狀態越均勻。所謂的熵增定律，就是「物質狀態只會往越來越均勻的狀態轉變」的意思。以飲品的例子來說，就是只會朝溫度均勻的方向變化，亦即隨著時間的過去，飲品的溫度和房間的溫度會越來越趨於一致。

　　根據熵增定律，事物的狀態皆應該逐漸趨向均勻的狀態變化。但是，例如炙熱的恆星、擁有複雜結構的星系等等，宇宙中充滿形形色色的天體，而且恆星和星系至今仍然在宇宙的各個角落不斷地誕生。乍看之下，這些天體的誕生似乎違反了自然界應有的流程。恆星在酷寒的宇宙中誕生、物質聚集而成星系的現象，都是溫度和物質變得更不均勻的現象。在宇宙中，為什麼會發生這些違反常理的事情呢？

　　其實，在宇宙這個非常巨大的「箱子」裡，有些地方會發生局部性的不均勻狀態，但就宇宙的整體狀況來看，熵仍然在繼續增加中。 ☄

熵用來表示各狀況或過程呈現及演變的程度

克勞修斯
（1822～1888）

「熵增定律」是德國物理學家克勞修斯（Rudolf Julius Emanuel Clausius，1822～1888）所提出。當初，這個定律是關於從熱能獲取動力的蒸汽機效率的理論。後來證明了熵可以用來表示物質（原子和分子）的「不均勻的程度」。進一步，也被使用來表示「秩序的程度」及「發生的容易度」等等，廣泛運用於各個學問領域中。

暗星雲
（內部誕生恆星）

恆星

暗星雲
（內部誕生恆星）

熵的變化量

$\Delta S \geq 0$

熱飲
（以紅色表現熱）

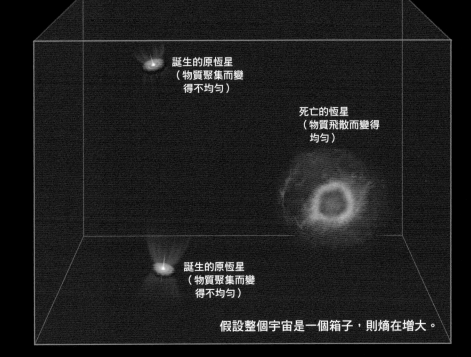

經過一段時間後，雖
然局部區域的熵減少
了，但宇宙整體的熵
反而增大。

誕生的原恆星
（物質聚集而變
得不均勻）

死亡的恆星
（物質飛散而變得
均勻）

誕生的原恆星
（物質聚集而變
得不均勻）

假設整個宇宙是一個箱子，則熵在增大。

宇宙的熵會增大到極限嗎？

插圖下段為熵增大的例子。曾經有科學家把熵增定律套用於宇宙，而預言
宇宙的熵會增大到極限。經過10的100次方年這段難以想像的時間之後，
現今宇宙的不均勻，亦即星系和恆星這樣的構造自不待言，就連構成物質
的原子等構造，也將全部消失（宇宙的「熱寂」）。

另一方面，在現實的宇宙中（插圖上段），恆星死亡時會將物質吹散，
使得不均勻程度減少；而另一方面，恆星的誕生也會聚集物質而造成新的
不均勻。在宇宙這個極大的箱子裡，有些地方會發生局部性的熵減少。而
未來的宇宙會變成什麼樣的情況呢？詳細請參考第7章介紹的「宇宙的膨
脹」。

熵增定律

設熵為 S，$\varDelta S$ 為變化後的熵減去變化前的
熵。這個差為正值，表示變化後的熵比變化
前的熵增加。

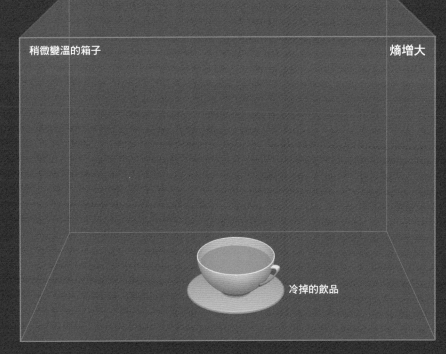

稍微變溫的箱子

熵增大

經過一段時間後，箱內
的溫度差消失了（熵增
大）。

冷掉的飲品

7

相對論與量子論的原理

協助　真貝壽明

進入20世紀之後，物理學發生了重大的革命。號稱現代物理學兩大理論的「相對論」和「量子論」相繼誕生。

相對論是探討時空（時間和空間）樣貌的理論，量子論則是處理光、電子等微觀世界事件的理論。在第7章，將介紹支撐這兩大理論的4個原理。

相對性原理

光速不變原理

等效原理

測不準原理（不確定性原理）

靜止也好，運動中也好，對於在該處物體的運動並沒有差別

「地球是世界的中心，太陽以至所有的天體都是繞著地球在運轉。」就在那個相信天動說的時代，波蘭的天文學家哥白尼（Nicolaus Copernicus，1473～1543）卻正面挑戰這個信條而提倡對立的地動說：「世界的中心是太陽，地球是繞著太陽運轉。」於是支持天動說的學者紛紛提出反駁，例如：「如果地球在轉動，那麼在地球上朝上方丟出一顆球，由於球在空中的期間，地球也在轉動，所以球應該不會回到自己的手中才對。」

當時相信地動說的義大利天文學家伽利略（Galileo Galilei，1564～1642）對於這樣的反駁，做了以下的反駁：「無論是從靜止的船上，或從移動中的船上，讓一顆球掉落，球都會掉在正下方的位置。也就是說，雖然地球在轉動，但是朝上方丟出去的球，它的行為也是會和地球靜止不動的場合一樣吧（落回到手中吧）！」

伽利略也是「慣性定律」的發現者，這個反駁只是把慣性定律換個說法。把這個概念進一步推展，可以得到「靜止的場合也罷，以一定的速度運動中的場合也罷，對於在該處發生的物體的運動並沒有差別（運動方程式相同）。」的想法。這就稱為「伽利略的相對性原理」。「以一定的速度運動」是指等速直線運動。

不過，伽利略的相對性原理終究只是靜止的場合和做等速直線運動的場合的比較，對於做加速度運動的場合並不適用。

後來，愛因斯坦把這個伽利略的相對性原理進一步發展，構思「物理定律不能只適用於作等速直線運動的場合，必須是所有運動中的場合都能適用」的「愛因斯坦的相對性原理」，從而提出了接近光速時的物理定律（狹義相對論）和具有強大重力時的物理定律（廣義相對論）。

太陽

在等速直線運動的列車中投球的話？
在以一定的速度持續行駛（做等速直線運動）的列車中，把一顆球往上投出去。根據伽利略的相對性原理，在靜止的場所，和在以一定速度運動的場所，會發生相同的物體運動。因此，就和在靜止的時候投球一樣，球會回到原來的手中。不過，如果是在加速中的列車上投球，就不是這樣了。坐在座位上的人會隨著列車一起加速前進，但在空中的球沒有受到來自電車的力，不會隨著列車一起加速前進，所以無法回到原來的手中。

地動說

繞著太陽公轉的地球

伽利略利用相對性原理對抗支持天動說的學者

對於反對地動說而支持天動說的學者，伽利略舉出了從移動中的船的桅柱上落下一顆球的例子，加以反駁。在提出這項反駁的同時，他也提出了「觀測者為靜止的場合也好，以一定的速度在運動的場合也好，物體的運動都不會出現差異」的相對性原理。後來愛因斯坦把這個伽利略的相對性原理進一步發展，成為「愛因斯坦的相對論」。大舉顛覆天文學常識的地動說，成為現今物理學常識的宏大理論基礎。

光速無論在什麼條件之下都不會改變

愛因斯坦在16歲的時候，產生了一個關於光的疑問：「如果一邊拿著鏡子，一邊以和光同樣的速率移動的話，能夠在鏡子裡看到自己的臉嗎？」

在自己是靜止的狀態下觀看移動的物體，和在自己是運動的狀態下觀看移動的物體，所看到的景象並不相同，這是每個人都曾有過的經驗吧？

例如，有一輛以時速100公里行駛的汽車，如果我們以相同的速度跟在它旁邊，從側面進行觀察，那麼，這輛汽車相對於我們看起來應該是靜止的吧（對方的速度（時速）100公里－自己的速度（時速）100公里＝相對速度（時速）0公里）！

依此推論，如果以和光相同的速率追逐光，那麼，光看起來應該也是相對於我們是靜止的吧！但是，愛因斯坦並不是這麼想。

在19世紀末葉，電磁學理論中出現的「光速」是從誰看到的光速呢？這個問題在物理學家之間引起很大的爭論。愛因斯坦承認電磁學方程式的正確性，進而主張：真空中的光速從任何人來看都是一定的值。也就是說，光速在任何條件下，與觀測場所的速度、光源的運動速度都無關，永遠保持固定的速率：每秒約30萬公里。根據愛因斯坦的想法，「即使一邊拿著鏡子，一邊以和光同樣的速率移動，也能在鏡子裡看到自己的臉」。

愛因斯坦把這件事定為「光速不變原理」，作為思考科學理論的「大前提」。

愛因斯坦根據這個推翻速率常識的原理，提出了「狹義相對論」，從而顛覆了時間和空間的常識。

飄浮在太空中的太空人

以幾近光速的速率移動的光源

以幾近光速的速率向左飛行的太空船

光速的值從任何人來看永遠不會改變

光的速率無論是從飄浮在太空中的太空人來看，或是坐在以幾近光速的速率飛行的太空船中來看，或是站在以每秒30公里的速率在太陽周圍繞轉的地球上來看，都是每秒大約30萬公里不會改變。而且，無論光源朝哪個方向，以多快的速率移動，也都不會改變。

以每秒 30 公里的速率圍繞
太陽公轉的地球

光

以幾近光速的速率向右飛行的太空船

無法區別重力與因加速度所產生的虛擬力

　　搭乘的電梯急速下降時，會感到身體突然變輕了；電梯急速上升時，會覺得身體突然變重了。各位有過這樣的經驗吧？根據牛頓提出的力學，從一邊加速一邊運動的場所來看（這裡以電梯為例），會出現作用方向與加速方向相反的虛擬力，稱為「慣性力」，所以才發生這樣的現象。電梯朝下做加速度運動時，會出現朝上的慣性力，抵消了一部分朝下的重力，所以感覺體重減輕了。反之，電梯朝上做加速度運動時，會出現朝下的慣性力，使朝下的重力增加，所以感覺身體變重了。

　　但是，「慣性力」卻只存在於電梯中的人身上，從地面的人來看並不存在。它是一種時有時無的「虛擬力」。這種虛擬力的存在，對於物理法則來說並不完美，而這也就是愛因斯坦開始思考相對論的動機。

　　愛因斯坦開始思考慣性力的本質之後，提出了：在效果上，重力和因加速度運動所產生的慣性力並無法區別（亦即「兩者等效」）的概念。這個基本觀念稱為等效原理。

愛因斯坦人生中最棒的點子是「使重力消失」

　　依據等效原理，會發生什麼情形呢？我們來想像一下，在箱子裡裝一個人，然後讓箱子自由落下的場景吧！由於箱子在做向下的加速度運動，所以箱子裡面會產生向上的慣性力而抵消重力的效果，使得箱子裡的人處於無重量狀態，也就是說，重力能夠在箱子裡消失。

　　愛因斯坦認為，「在落下的箱子裡，重力會消失。」這個想法是他「人生中最棒的點子」。等效原理所衍生出來的這個想法，後來成為廣義相對論的重要基礎。

加速前進的太空船內部

重力

地面

建立等效原理的想像實驗

假設有一架沒有窗戶的太空船一邊加速一邊前進。即使在無重力空間，太空船加速時，也會因為慣性力而產生虛擬的重力。那麼，太空船內的人應該無法區別，把自己的身體往下拉的力，究竟是天體的重力，或是慣性力吧！如果在太空船內往上投出一顆球，那麼球的運動方式，將會和天體的重力所造成的自由落體運動完全相同。也就是說，重力和因運動所產生的慣性力並無法區別。

加速的方向

慣性力（其大小與重力相等）

落下的箱子裡面（無重力狀態）

慣性力
在這個場合，和重力大小
相等，方向相反。

0 零

重力

重力和慣性力抵消，
使重力的效應消失。

加速的方向
所謂的落下，就是朝地
面作加速度運動。

精確測定一個，另一個就測不準了

20世紀初期，出現了與愛因斯坦的相對論並稱兩大理論的「量子論」。所謂的量子論，是闡明原子層級以下的微觀世界中，構成物質的粒子及光等的行為的理論。

量子論所處理的微觀世界，存在著許多無法以我們的常識去想像思考的奇妙現象。

首先，一般被視為波的光，也具有粒子的性質。而電子之類的粒子，也不只是粒子，而具有波的性質。波會擴散開來，而粒子則存在於特定的一點。波相遇而疊合時，它們會加強或減弱（干涉），但粒子沒有這樣的性質。這兩種完全不相容的面貌，光及電子等基本粒子卻會同時呈現。簡直就像一面為白、一面為黑的黑白棋（Othello）。

主張基本粒子既是波也是粒子的量子論，也做出了微觀世界是「曖昧不明」的結論。它的

光和電子等同時具有波的性質和粒子的性質

在量子論處理的微觀世界中，光的行為不是只表現出波的性質，電子的行為也不是只表現出粒子的性質；光也具有粒子的性質，而電子也具有波的性質。愛因斯坦在對「光電效應」的現象做理論說明時，首度提出：以往被認為是波的光，事實上也具有粒子的性質。此外，如果以電子具有波的性質為前提，即可圓滿說明原子周圍的電子軌道會零零散散的原因了。

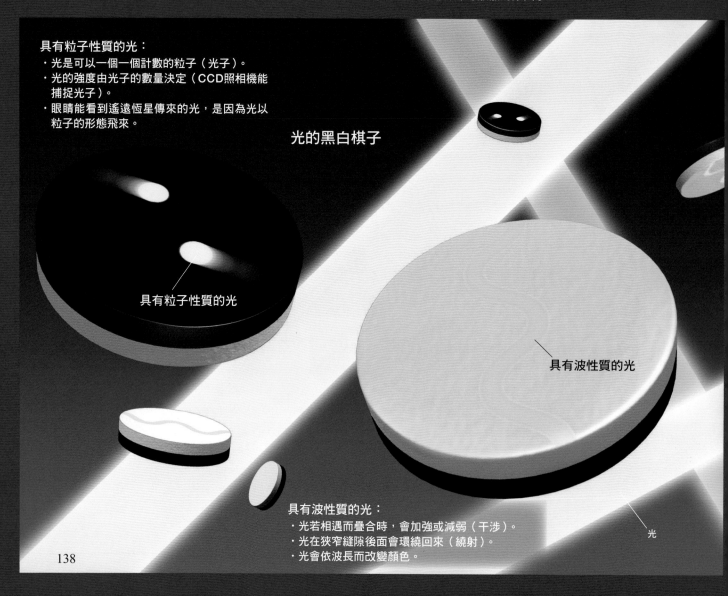

具有粒子性質的光：
· 光是可以一個一個計數的粒子（光子）。
· 光的強度由光子的數量決定（CCD照相機能捕捉光子）。
· 眼睛能看到遙遠恆星傳來的光，是因為光以粒子的形態飛來。

光的黑白棋子

具有粒子性質的光

具有波性質的光

具有波性質的光：
· 光若相遇而疊合時，會加強或減弱（干涉）。
· 光在狹窄縫隙後面會環繞回來（繞射）。
· 光會依波長而改變顏色。

光

性質可以利用「測不準原理」來表示，亦即：在一對相關的物理量（例如時間和能量、位置和動量）當中，如果可以精確測定其中之一，則另一個量便無法精確測定。「精確測定」是指毫無誤差，也就是「不準量為零」。

位置和運動方向無法同時精確測定

例如，在量子論的世界中，並無法同時精確測定粒子的位置和運動方向（完整地說，是動量）。如果精確測定運動方向，則粒子的位置的不確定性將會變大；而若精確測定位置，則粒子的運動方向的不確定性將會變大。這稱為「位置與動量的不準量關係」。

這裡所說的不準量，是指「由於有許多狀態共存，而實際上人們觀測到哪個狀態全取決於機率」，這樣的解釋和往昔的物理就有很大的不同。　　　　　　　　　　　　　　　　☄

利用通過縫隙的波，來思考位置和運動方向的不準量

我們來想像一下通過縫隙的電子吧！如果是通過寬度較大的縫隙，則在電子波通過縫隙的瞬間，波的擴散範圍會像大縫隙那麼寬，所以不知道會在這個範圍的哪個位置發現電子（位置的不準量大）。但是，電子波在通過縫隙後大致上是直線前進，所以電子通過縫隙的瞬間幾乎是筆直地往右前進（運動方向的不確定性小）。另一方面，如果是寬度較小的縫隙，則在電子波通過縫隙的瞬間，電子的位置的不準量會變小，但電子波在縫隙後方會大幅度擴散。亦即，運動方向的不準量會變大。

縫隙較寬的場合的電子波的繞射

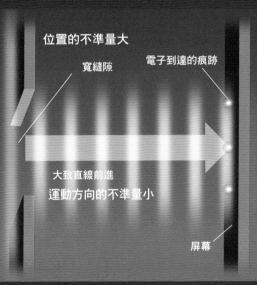

位置的不準量大

寬縫隙

電子到達的痕跡

電子波

大致直線前進
運動方向的不準量小

屏幕

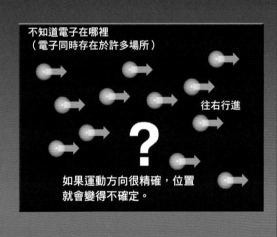

不知道電子在哪裡
（電子同時存在於許多場所）

往右行進

?

如果運動方向很精確，位置就會變得不確定。

縫隙較窄的場合的電子波繞射

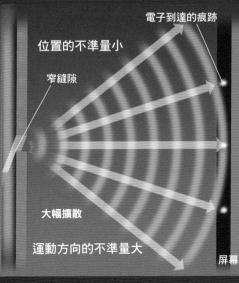

電子到達的痕跡

位置的不準量小

窄縫隙

電子波

大幅擴散

運動方向的不準量大

屏幕

不知道電子的運動方向
（電子同時往各個方向運動）

?

在這裡？

如果很精確得知位置，運動方向就會變得不確定。

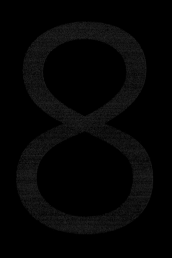

宇宙的定律

協助　渡部潤一

行星的形成、星系的運動，乃至太陽之類的恆星內部發生的核融合反應，即使是廣大無垠的宇宙也是受到定律的支配。

在第8章，將為你介紹「克卜勒定律」及「哈伯定律」等等，闡明宇宙發生的種種活躍現象的定律。

克卜勒定律

萬有引力定律

$E = mc^2$

哈伯定律

維恩波長偏移定律

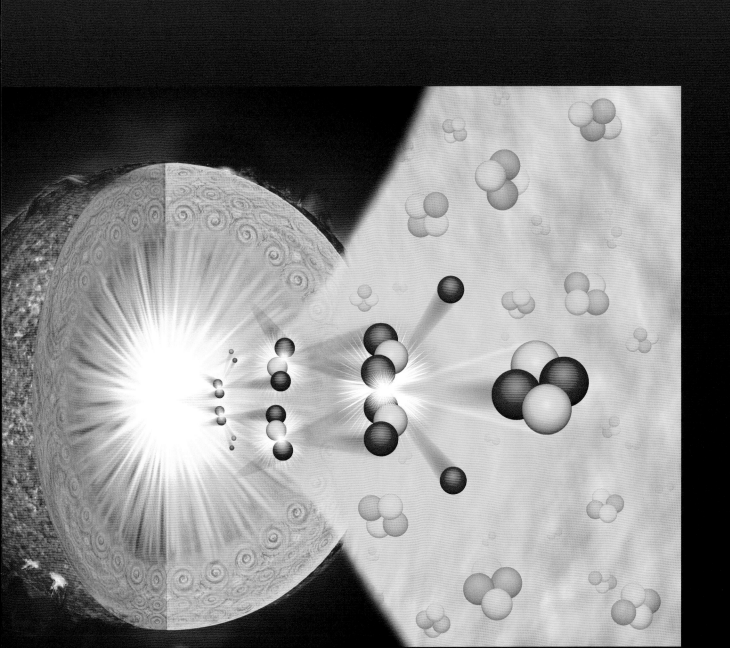

正確說明行星運動的三個定律

「宇宙受到完美秩序的支配。」和伽利略在同一時代的德國天文學家克卜勒（Johannes Kepler，1571～1630）對這句話深信不疑。

克卜勒特別感興趣的主題是火星及木星等的「行星的運行」。克卜勒曾經擔任第谷·布拉赫（Tycho Brahe，1546～1601）的助手，協助第谷在當時號稱是世界最頂尖的烏拉尼堡（Uraniborg）天文台※進行精密的觀測。後來克卜勒繼承第谷長年觀測的資料，進行精細的分析，發掘出潛藏於行星運行之中的定律。

當時，克卜勒認為，行星的軌道必定是「完全的圓形」。倡議地動說的波蘭天文學家哥白尼和伽利略也認為行星的軌道是完全的圓形。

克卜勒分析了看似複雜的火星觀測資料後，發現了「連接行星和太陽的線段在一定的時間內必定掃過相同的面積」的定律（第二定律）。但是，這項發現卻深深地困擾著克卜勒，因為根據這個定律和觀測資料所計算出來的火星軌

支配行星公轉速度的克卜勒第二定律（ 1 、 2 、 3 ）

行星並不是以一定的速度在公轉，在距離太陽最遠的地點會緩慢地通過，而在距離太陽最近的地點則會快速通過（例如：水星通過距離太陽最近地點的速度為最遠地點的大約1.5倍）。

行星的速度變化是否依循著什麼定律呢？事實上，行星的速度變化會符合「連接行星和太陽的線段在一定的時間內掃過的面積（著色部分）必定相同」的條件。不論處在行星軌道的哪個位置，連接行星和太陽的線段在一定的時間內掃過的面積（面積速度）都相同（詳見右邊插圖）。這就是克卜勒第二定律。

1. 離太陽較遠的地方

在距離太陽比較遠的地方，行星緩慢移動（從 A 地點到 A' 地點）。由於速度比較慢，所以 1 個時鐘刻度所移動的距離（紅色箭頭）比較短。這個時候，連接太陽和行星的長線段掃過狹長的區域（紫色部分，S_1）。

1 個時鐘刻度所移動的距離比較短

A 地點

S_1

行星

A' 地點

線段較長

克卜勒
（ 1571 ～ 1630 ）

克卜勒定律	
第一定律	行星的軌道為橢圓形。
第二定律	連接行星和太陽的線段在一定的時間內必定掃過相同的面積。
第三定律	行星繞太陽公轉 1 圈的時間的平方，與橢圓形軌道的長半徑的立方成正比。

道，無論如何都不會是完全的圓形軌道。

歷經種種嘗試錯誤之後，克卜勒終於了解長久以來自己的認知是錯誤的。行星的軌道並非完全的圓形，而是稍微壓扁的「橢圓形」（第一定律）。

後來，克卜勒又發現了「行星繞太陽公轉 1 圈的時間平方與橢圓形軌道的長半徑立方成正比」的定律（第三定律，詳見右欄）。這三個定律合稱「克卜勒定律」。

這三個「克卜勒定律」能夠正確說明看似複雜的行星運行。

※：當時還沒有望遠鏡，只有能夠憑肉眼測定星球位置的裝置。

軌道大小和公轉週期的關係是什麼？

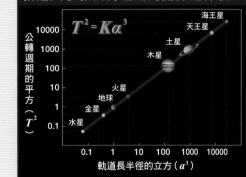

$$T^2 = Ka^3$$

公轉週期的平方（T^2）

縱軸刻度（由下往上）：10000、1000、100、10、1、0.1

海王星、天王星、土星、木星、火星、地球、金星、水星

橫軸：軌道長半徑的立方（a^3）：0.1、1、10、100、1000、10000

註：本圖所示為以地球為基準的軌道長半徑（天文單位）與公轉週期（太陽年）的相對值。此外，縱軸和橫軸的刻度為對數刻度：縱軸由下往上依次遞增 10 倍，橫軸由左至右依次遞增 10 倍。

行星繞行太陽一圈的時間稱為「公轉週期（T）」。公轉的行星距離太陽最遠時，連接行星和橢圓中心的線段的長度稱為「軌道長半徑（a）」。公轉週期的平方（T^2）和軌道長半徑的立方（a^3）成正比關係（K 為比例常數）。這是克卜勒第三定律。

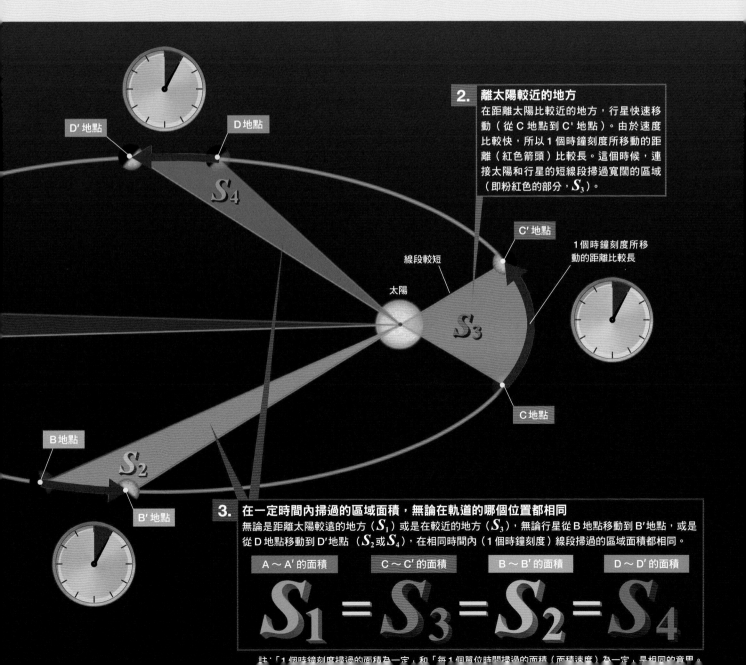

D′ 地點　　　D 地點

S_4

D 地點

太陽

線段較短

C′ 地點

S_3

2. 離太陽較近的地方
在距離太陽比較近的地方，行星快速移動（從 C 地點到 C′ 地點）。由於速度比較快，所以 1 個時鐘刻度所移動的距離（紅色箭頭）比較長。這個時候，連接太陽和行星的短線段掃過寬闊的區域（即粉紅色的部分，S_3）。

1 個時鐘刻度所移動的距離比較長

C 地點

B 地點

S_2

B′ 地點

3. 在一定時間內掃過的區域面積，無論在軌道的哪個位置都相同
無論是距離太陽較遠的地方（S_1）或是在較近的地方（S_3），無論行星從 B 地點移動到 B′ 地點，或是從 D 地點移動到 D′ 地點（S_2 或 S_4），在相同時間內（1 個時鐘刻度）線段掃過的區域面積都相同。

| A～A′的面積 | C～C′的面積 | B～B′的面積 | D～D′的面積 |

$$S_1 = S_3 = S_2 = S_4$$

註：「1 個時鐘刻度掃過的面積為一定」和「每 1 個單位時間掃過的面積（面積速度）為一定」是相同的意思

一切物體都會互相吸引

　　蘋果脫離樹枝後會掉落地面，那麼，為什麼月球卻不會掉下來呢？解答這個問題的人，正是英國的天才科學家牛頓（Isaac Newton，1643～1727）。

　　牛頓於1687年發表「萬有引力定律」，他指出：蘋果也好，月球也好，一切物體都受到互相吸引的力的作用。因此，就像蘋果和地球會互相吸引，月球和地球也會互相吸引。而月球之所以不會掉下來，是因為月球既受到地球的吸引（同時月球也在吸引地球），又以大約每小時3600公里的高速繞著地球公轉的緣故。

　　所謂的萬有引力，顧名思義就是「萬物（一切物體）都具有之互相吸引的力」。即使是放在桌子上的兩顆蘋果之間，也有極其微弱的萬有引力在作用而互相吸引。只是，這個引力過於微弱，被蘋果和桌子之間的摩擦力等等抵消了。由於這個原因，我們身邊各種物體之間的萬有引力效應，絕大多數無法顯現出來。

　　但是，在無重量且呈現真空狀態的太空中，相隔遙遠的兩個物體會受到萬有引力的作用而互相吸引，不斷接近，最後甚至合併在一起。追根究柢，太陽系的天體可能就是微塵和氣體藉由萬有引力逐漸聚集而誕生的。

　　萬有引力定律的數學式顯示：作用於兩個物體的萬有引力，與兩者的質量乘積成正比，與物體間的距離的平方成反比。

把天上世界和地面世界的物理學統一起來的萬有引力定律

在牛頓發現萬有引力定律之前的時代，人們認為月球、太陽、行星等所在的天上世界，和地面世界是完全不同的世界，影響其運動的物理定律也完全不同，地面的物體能夠藉由被施加的力而進行各種運動；但相對地，天上的天體只會作以圓為基本的運動。但是，牛頓顛覆了這樣的常識，主張兩個世界都受到「萬有引力定律」這個共同的物理定律支配。

　　又，萬有引力定律的式子（右頁）含有在第110頁介紹的「平方反比定律」。

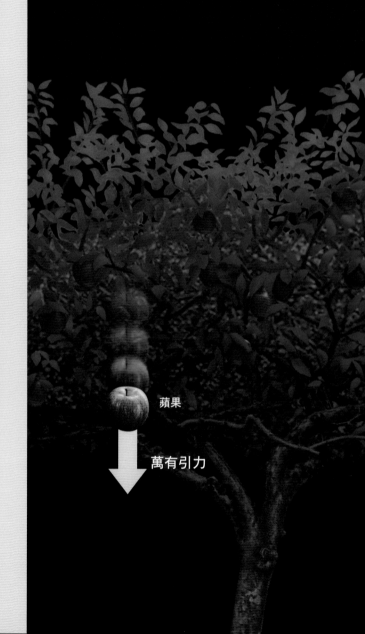

蘋果

萬有引力

月球

萬有引力

萬有引力定律

物體1的質量　物體2的質量

$$F_G = G \frac{m_1 m_2}{r^2}$$

萬有引力　　　　萬有引力常數

物體間的距離

如何計算萬有引力

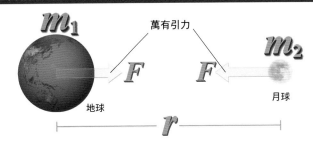

萬有引力

m_1　　F　　F　　m_2

地球　　　　　　　　　　月球

r

計算萬有引力的數值 F〔N：牛頓〕[※]時，要用到兩個物體的質量 m_1、m_2〔kg：公斤〕，以及兩個物體間的距離 r〔m：公尺〕。G稱為「萬有引力常數」，其值6.67×10^{-11}〔N·m^2/kg^2〕。

　我們以地球和月球為例，來思考一下吧！地球的質量約6.0×10^{24}〔kg〕，月球的質量約7.3×10^{22}〔kg〕，地球和月球的中心連線長約3.9×10^8〔m〕，依據這些值，可以算出萬有引力大約為2×10^{20}〔N〕。此外，萬有引力為互相作用，所以月球也是以相同大小的力在吸引地球。計算地球和蘋果互相吸引的萬有引力時，兩物體間的距離可以想成相當於地球的半徑6.4×10^6〔m〕。

[※]：N（牛頓）為力的單位。若把1N的力施加於1kg的物體，會使該物體的速度每秒鐘各增加1公尺／秒。

桌子上的兩顆蘋果也會因萬有引力而互相吸引

摩擦力　　蘋果　萬有引力　萬有引力　蘋果　　摩擦力

由於摩擦力抵消了萬有引力，
所以蘋果不會互相接近。

表示質量和能量之等效性的式子

太陽是氫和氦的集團。氦不會因為化學反應而燃燒,但氫可以經燃燒而爆炸,放出熱和光。不過,如果太陽裡面的氫是因化學反應而燃燒,那麼氫的量只需數萬年左右就會燒個精光。太陽為什麼能繼續燃燒呢?

提出解答這個疑問之定律的人,是20世紀的頂尖科學家愛因斯坦(Albert Einstein,1879～1955)。1905年,26歲的愛因斯坦提出了關於時間和空間的新理論「狹義相對論」。這個劃時代的嶄新理論開啟了現代物理學的大門。

同一年,愛因斯坦依據狹義相對論導出了一個至關重要的定律,那就是舉世聞名的關係式「$E=mc^2$」。這個式子意味著:「質量和能量能夠互相轉換」。

不久之後,物理學家們開始察覺到,若依循「$E=mc^2$」的概念,就可以說明太陽不會燒完的理由。在太陽的中心部位,4個氫原子核融合成為1個氦原子核。這個時候,氫原子核會損失一部分質量,轉換成龐大的能量。利用這種核融合反應所產生的能量,太陽能夠持續發光發熱100億年。

「$E=mc^2$」並不是只用來說明太陽壽命的定律。在宇宙的開端,和太陽的例子相反,是從能量轉換成具有質量的物質。「$E=mc^2$」可以說也是逼近宇宙根源的定律。

1 公克蘊藏著多少能量?

利用愛因斯坦建立的「$E=mc^2$」,可以把質量(m)換算成能量(E)。其中的 c 表示光速,訂定為秒速大約3×10^8公尺。例如,質量僅僅1公克,亦即0.001公斤的物質,如果能夠全部轉換成能量的話,則可以轉換成$0.001\times3\times10^8\times3\times10^8=9\times10^{13}$(90兆)焦耳。這個能量足可供應大約88000個家庭使用1個月的耗電量。

※焦耳(J)是能量的單位。1焦耳的定義為「以1牛頓(N)的力把物體移動1公尺時所需的能量」。

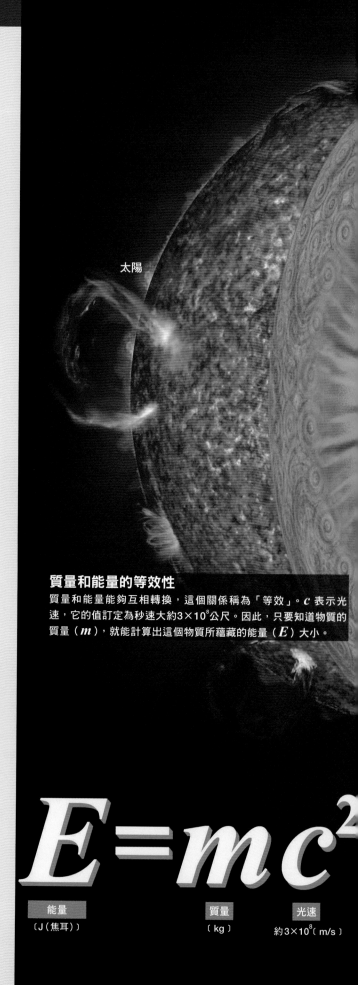

太陽

質量和能量的等效性
質量和能量能夠互相轉換,這個關係稱為「等效」。c 表示光速,它的值訂定為秒速大約3×10^8公尺。因此,只要知道物質的質量(m),就能計算出這個物質所蘊藏的能量(E)大小。

$$E=mc^2$$

能量	質量	光速
〔J(焦耳)〕	〔kg〕	約3×10^8〔m/s〕

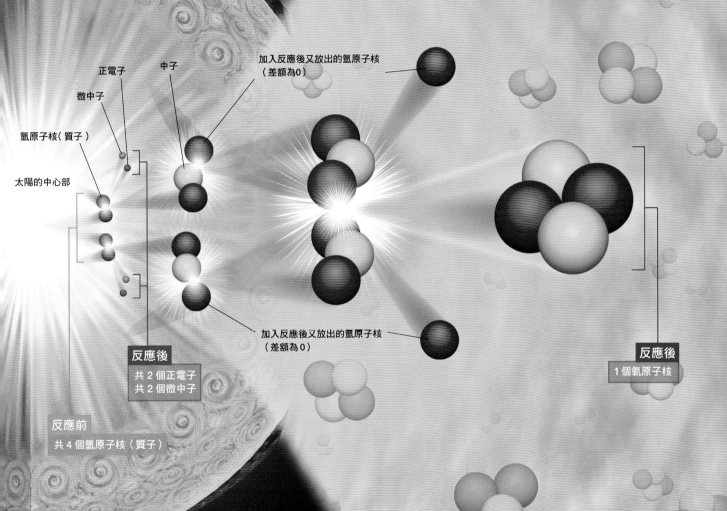

藉由將質量轉換成能量發光

太陽的主要能量來自4個氫原子核最後結合成為1個氦原子核的核融合反應。插圖所示為代表性的反應之一。在反應的前後，有0.7%左右的質量消失。這麼一來，整個太陽每1秒鐘會減輕大約$4.2×10^9$（42億）公斤。而藉由質能轉換，太陽每1秒鐘可獲得大約$3.8×10^{26}$焦耳的能量。

正電子

中子

加入反應後又放出的氫原子核（差額為0）

微中子

氫原子核（質子）

太陽的中心部

反應後
共2個正電子
共2個微中子

反應前
共4個氫原子核（質子）

加入反應後又放出的氫原子核（差額為0）

反應後
1個氦原子核

反應後
1個氦原子核
2個正電子
2個微中子
（約輕0.7%）

反應前
4個氫原子核

愛因斯坦
（1879～1955）

插圖所示的核融合反應中，最初有2組各2個氫原子核，亦即4個氫原子核（反應前），最後產生1個氦原子核、2個正電子、2個微中子（反應後）。比較反應前和反應後的物質質量，可知總質量消失了0.7%左右。這些消失的質量轉換成龐大的能量，使太陽得以持續發光。

147

越遠的星系遠離地球的速率越快

　　古代的人們以為銀河系就是宇宙的全部。事實上，在銀系河外面還有無數個星系存在。發現這個真相的人，是美國天文學家哈伯（Edwin Powell Hubble，1889～1953）。

　　哈伯觀測銀河系外面的眾多星系，記錄它們的顏色。結果發現，越快速遠離地球的星系，看起來越偏紅色。於是，他利用這個觀測結果闡明了以下的事實。

　　「越遠的星系，會以越快的速度遠離地球而去。」把這個關係記成數學式子，就是「哈伯定律」。並不是只有特定的星系才會這樣，而是遠方所有的星系都在遠離銀河系而去。

　　這個定律究竟在闡述什麼事情呢？假設我們把許多個硬幣放在一片橡膠膜上，然後把橡膠膜往四面八方拉伸，那麼上頭的硬幣彼此間就會越拉越開。相距越遠的硬幣，彼此拉開的速度越快。

　　想像一下，把整個宇宙像這片橡膠膜一樣不斷地拉伸，那麼星系彼此之間就會越離越遠（星系相當於硬幣）。由此可以得知，宇宙並非永遠不變，而是逐漸在膨脹之中，這就是「宇宙膨脹的發現」。

哈伯定律是如何建立的？

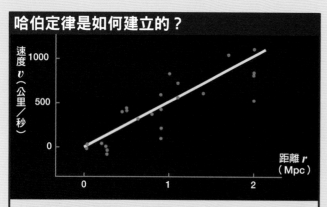

上方圖形所示的是：哈伯觀測的24個星系與銀河系的距離、遠離而去的速度之間的關係。哈伯認為，星系遠離而去的速度（v）為該星系與銀河系的距離（r）的常數（H_0）倍，亦即圖形會成為一條直線。這個圖形中的數據看起來好像分布很雜亂，但經過更精密的觀測之後，確定它們是直線關係。

資料出處：Hubble, E. P.（1929）PNAS 15, 168–173

註：1Mpc（百萬秒差距）為大約326萬光年（約3×10^{19}公里）。

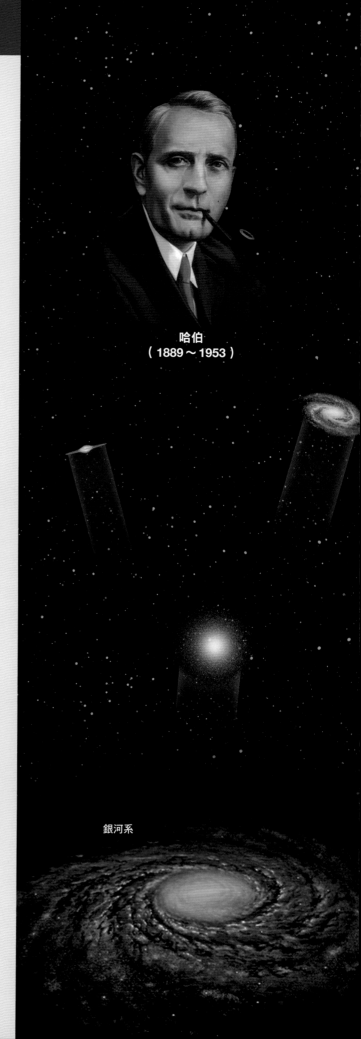

哈伯
（1889～1953）

銀河系

星系的距離拉長為 2 倍，則遠離而去的速度也加快為 2 倍

距離插圖左下方的銀河系越遠（r 越大）的星系，其遠離而去的速度越快（v 越大）。如果星系的距離拉長為 2 倍，則遠離而去的速度也加快為 2 倍；距離拉長為 3 倍，則速度也加快為 3 倍，具有正比的關係。在插圖中，遠離的速度以軌跡的長度來表示。

快速遠離而去的星系

哈伯定律

星系的距離（r）越遠，遠離的速度（v）越快。這個正比關係的係數稱為哈伯常數（H_0）。根據最近的觀測結果，H_0 的值為 $70.0^{+12.0}_{-8.0}$〔km／（s·Mpc）〕哈伯常數顯示出宇宙膨脹的程度。

$$v = H_0 \times r$$

星系遠離的速度　　　哈伯常數　　　星系的距離

緩慢遠離而去的星系

宇宙正在膨脹中！

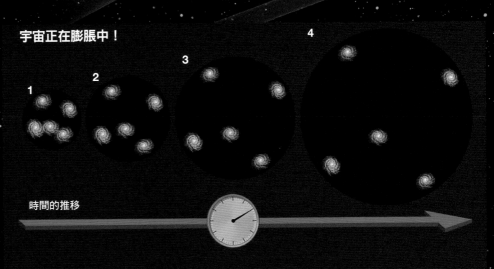

時間的推移

本插圖為宇宙空間隨著時間的經過而逐漸膨脹的模擬圖（1～4）。想像 5 個相距非常遙遠的星系。哈伯定律真正的意涵是宇宙本身正在膨脹中。而且不是以哪個中心，而是不論從哪個角落看去都是以相同的程度在膨脹。不過，星系和太陽系本身，則由於受到重力拉攏的作用，幾乎不受宇宙膨脹的影響，既沒有脹大，也沒有縮小。

可藉由物體呈現的顏色得知它的溫度

　　在冬季的夜空可看到許多閃耀著璀璨光芒的星斗。其中最引人注目的一顆星，應該是全天空最明亮的大犬座的天狼星（Sirius）吧！連接藍白色的天狼星、小犬座的黃色一等星南河三（Procyon）、獵戶座的紅色一等星參宿四（Betelgeuse）所形成的巨大三角形，稱為「冬季大三角」。

　　這三顆一等星之中，哪一顆最熱呢？天狼星的藍白色或許會讓人聯想到寒冷，但事實上就是這顆藍白色的天狼星最熱，表面溫度達到1萬℃左右。第二熱的是南河三，大約6200℃，和太陽差不多。溫度最低的是參宿四，大約3300℃。

　　聽到這個答案，或許腦海裡會浮出一個疑問吧？如何得知遙遠恆星的溫度呢？應該不是拿溫度計去測量吧！

　　線索就在於「顏色」。德國的物理學家維因（Wilhelm Carl Werner Otto Fritz Franz Wien，1864～1928）認為，即使是像熔融的鐵這樣，無法使用一般的溫度計測量的物體，是不是只要觀察它的顏色，就能知道它的正確溫度呢？顏色是由光的波長所決定。維因歷經一番的觀察和研究之後，終於發現了「物體的溫度與該物體放出的最強光的波長成反比[※]」的「維因波長偏移定律」。

　　根據這個定律，物體所放出最強光的波長越短（看起來越偏藍白色），物體的表面溫度越高；最強光的波長越長（看起來越偏紅色），表面溫度越低。也就是說，可以依據恆星的顏色來計算它的表面溫度。　🪐

維因的發現是邁向「量子論」的橋梁

普朗克
（1858 ～ 1947）

　　維因也歸納出了物體發射的各種波長的光的強度（光譜）和溫度的關係式。但是，利用這個式子時有一個問題，就是在一部分波長區間，與實際的測定值有很大的偏差。

　　解決這個問題的人，是德國物理學家普朗克（Max Karl Ernst Ludwig Planck，1858～1947）。普朗克假設光的能量是「離散式」的值。這麼一來，在所有的波長區間，都能正確計算出光的強度和溫度的關係。這個「離散式」的想法，就成為量子論這個重大理論的基石。

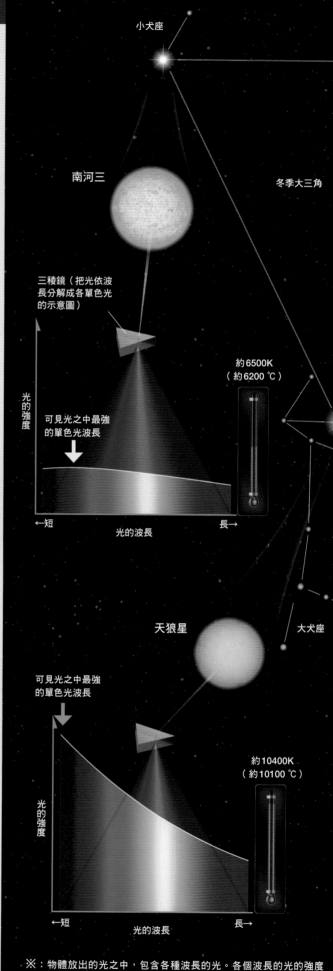

小犬座

南河三

冬季大三角

三稜鏡（把光依波長分解成各單色光的示意圖）

約6500K
（約6200 ℃）

光的強度

可見光之中最強的單色光波長

←短　　　光的波長　　　長→

天狼星

大犬座

可見光之中最強的單色光波長

約10400K
（約10100 ℃）

光的強度

←短　　　光的波長　　　長→

※：物體放出的光之中，包含各種波長的光。各個波長的光的強度並不相同。在維因波長偏移定律中出現的溫度，並非一般使用的攝氏溫度（℃），而是絕對溫度（K）。

觀察恆星顏色可得知它的溫度

分別分析黃色的南河三、藍白色的天狼星、紅色的參宿四所放出的光，得知各個波長區間的光的強度並不相同（插圖中的三個圖表）。光的波長越短，則表面溫度越高，而成為藍白色恆星；波長越長，則溫度越低，而成為紅色恆星。此外，由於人類的肉眼會依據光所含的各種波長而看到綜合性的顏色，所以不一定是看到最強光的波長顏色。例如，南河三看起來是黃色，但其實最強的波長是紫色的區間。

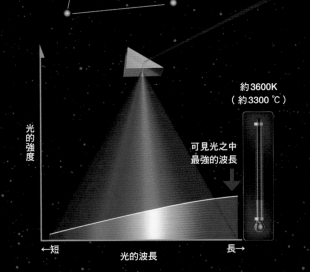

約3600K
（約3300℃）

可見光之中
最強的波長

光的強度

←短　光的波長　長→

維恩波長偏移定律

物體放出的最強光的波長（λ_{max}，越短，則物體的表面溫度（T）越高。反之，波長越長，則表面溫度越低。2898000是維因在研究末期發現的比例常數※。

物體的表面溫度

※：常數的值為光的波長單位設為 nm（奈米）、
　　溫度單位設為 K（克耳文）的場合。

$$T = \frac{2,898,000}{\lambda_{max}}$$

物體放出的最強光波長

如何利用「維因波長偏移定律」計算恆星的溫度？

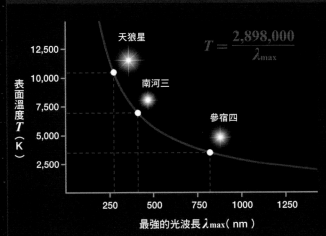

表面溫度 T（K）

12,500
10,000
7,500
5,000
2,500

天狼星
南河三
參宿四

$$T = \frac{2,898,000}{\lambda_{max}}$$

250　500　750　1000　1250

最強的光波長 λ_{max}（nm）

維因波長偏移定律物指出：物體放出的最強光波長（λ_{max}）和物體的表面溫度（T）具有反比的關係。最強光的波長越短，則表面溫度越高。這個關係可參見左邊的圖形。例如，最強光的波長約500nm（nm：奈米為10億分之1公尺）的恆星，可計算出它的表面溫度為2,898,000÷500＝約5800K（約5500℃）。

維因
（1864～1928）

化學的定律

協助　藤井賢一／田村 收／清水由隆

我們周遭的空氣中，有許多肉眼看不到的氧分子、氮分子等各式各樣的分子在四處飛竄。這些分子是不是會永遠保持同樣的狀態，表現同樣的行為呢？分子的狀態和大氣壓、體積、溫度等周圍條件之間，具有什麼樣的關係呢？在第9章，將為你介紹支配原子和分子行為的化學定律。

亞佛加厥定律
合併氣體定律
各種化學定律

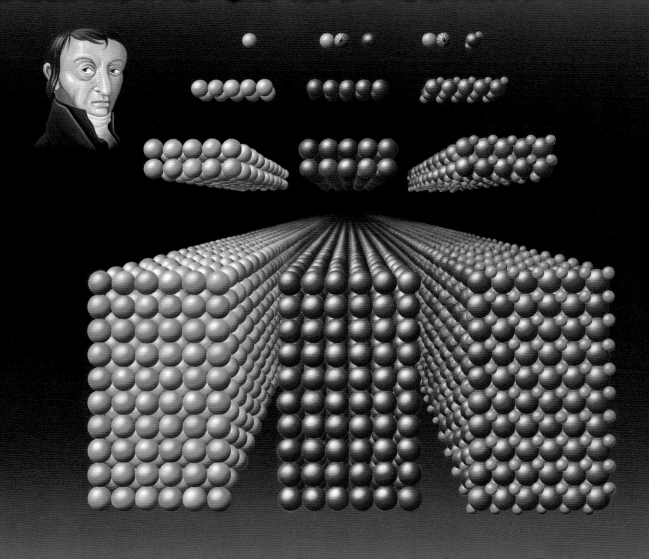

若溫度和壓力固定，則相同體積的氣體含有相同數量的分子

原子的質量依種類而有所不同，體積也非常小，所以，用實際數值來表示它的質量並不實用。因此，先設定碳原子的質量為12，再以它為基準，用比值來表示各種原子的質量。這個數值稱為「原子量」，氫的原子量為1，氧的原子量為16。

分子則採用構成該分子之各個原子的原子量的總和，作為「分子量」。以水（H_2O）為例，分子量是2個氫原子的原子量（1×2）加上1個氧原子的原子量（16），即為18。

此外，我們無法一個一個計數原子和分子，所以採用「莫耳」這個單位。1莫耳等於6×10^{23}個原子或分子的集團。6×10^{23}個稱為「亞佛加厥數」，如果有這麼多個原子或分子聚集在一起，這個集團的質量（單位為公克）就等於原子量或分子量。例如，碳原子的原子量為12，所以6×10^{23}個碳原子，亦即1莫耳碳原子，它的質量等於12公克。

還有一件使用莫耳也很方便的事，那就是「亞佛加厥定律」。而這個定律是指：「無論什麼種類，若溫度和壓力固定，則相同體積的氣體含有相同數量的分子。」根據這個定律，也可以說，1莫耳氣體分子在同溫、同壓下，全都具有相同的體積。在標準狀態（0℃、1標準大氣壓）下，1莫耳氣體分子或原子的體積都是22.4公升。因此，在氣體的場合，莫耳也可作為表示體積的單位。

義大利的科學家亞佛加厥（Amedeo Avogadro，1776～1856）發現「若溫度和壓力相同，則相同體積的任何種類的氣體含有相同數量的分子」的「亞佛加厥定律」。「亞佛加厥數」命名即取自他的姓。

（6×10^{23} 個）

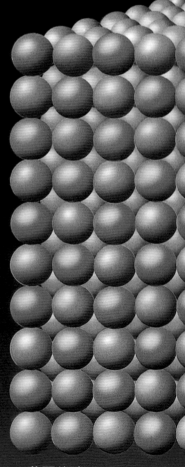

1 莫耳的碳　　12g

1 莫耳的氣體

氣體1莫耳的體積是22.4公升，相當於每邊長28.2公分的立方體。由莫耳可知，在氣體的場合，也可以用體積來計測分子的個數。

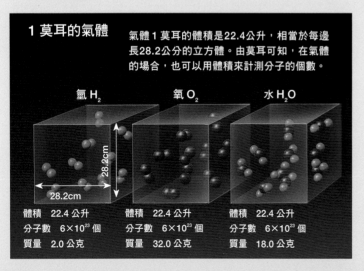

氫 H_2	氧 O_2	水 H_2O
體積　22.4 公升	體積　22.4 公升	體積　22.4 公升
分子數　6×10^{23} 個	分子數　6×10^{23} 個	分子數　6×10^{23} 個
質量　2.0 公克	質量　32.0 公克	質量　18.0 公克

28.2cm
28.2cm

原子量（以 C 為基準的質量比）

分子量

各種原子的原子量是以碳原子的質量為12時的相對量。碳原子的數量以10個、100個逐漸增加，則當碳原子的質量為12公克時，它的個數為6×10^{23}個，亦即亞佛加厥數。氧原子和水分子的數量為亞佛加厥數時，質量分別為16公克和18公克。

12

C

16
C C = O

18
C C = H O H

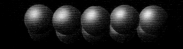

各 10 個

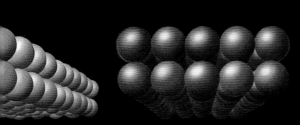
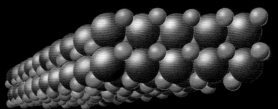

各 100 個

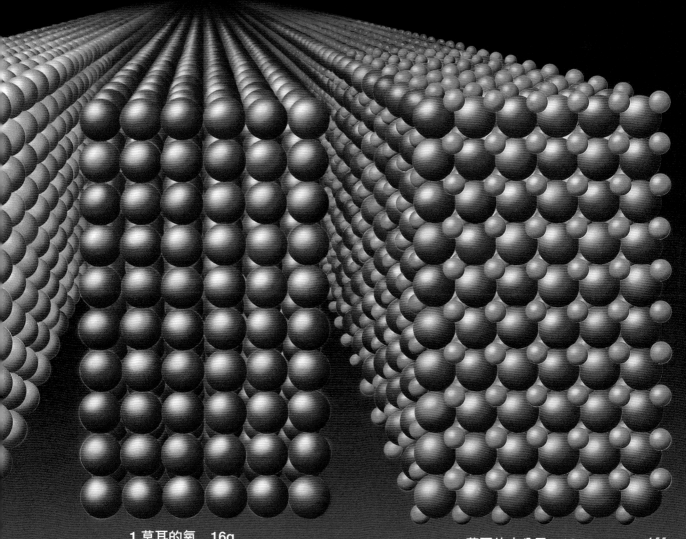

1 莫耳的氧　16g

1 莫耳的水分子　18g

氣體的體積與壓力成反比，與絕對溫度成正比

請回想一下，帶著密封餅乾袋去爬山的情景吧！到了山頂的時候，拿出餅乾袋一看，袋子脹得更大了。有沒有遇過這樣的狀況呢？這個時候，袋子裡發生了什麼事情呢？

壓力下降，體積會增大

袋子裡的空氣自由地飛行著。氣體分子撞擊袋子的內面，對袋子施力使袋子向外膨脹。眾多氣體分子施加的這種力的合計，除以施力的面積，就是「壓力」。

另一方面，袋子外側的空氣也在對袋子施力使袋子向內凹陷（大氣壓）。袋內氣體的體積，依內側的壓力和大氣壓的平衡狀況而定。在山頂上，大氣壓比山腳下低，從外側壓袋子的力較弱，所以袋內的體積會增大。

愛爾蘭物理學家波以耳（Robert Boyle，1627～1691）歸納出定量氣體的體積與壓力之間的關係。他發現，當溫度維持不變時，袋子裡的氣體體積與壓力成反比。也就是說，體積增加為 2 倍時，壓力減為一半；相反地，體積減為一半時，壓力增大為 2 倍。這稱為「波以耳定律」。

溫度上升則體積增加

表示氣體行徑的兩個定律

氣體的壓力源自氣體分子撞擊容器壁面等處時所施加的力，依撞擊的氣體分子的數量和動能而定。另一方面，氣體的溫度上升，則氣體分子的平均動能會增大。

如果是在密封的袋子裡，則氣體的體積與壓力成反比，與絕對溫度成正比。這個規則稱為「合併氣體定律」。

壓力的來源是氣體分子施加於容器壁面等處的力

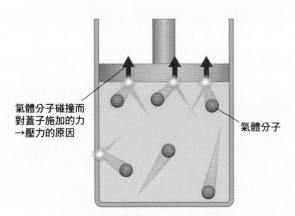

氣體分子碰撞而對蓋子施加的力
→壓力的原因

氣體分子

氣體分子撞擊容器壁面而彈回時，會對壁面施力。這個力就是壓力的來源。

溫度是氣體分子運動劇烈程度的指標

常溫　　　　　　　高溫

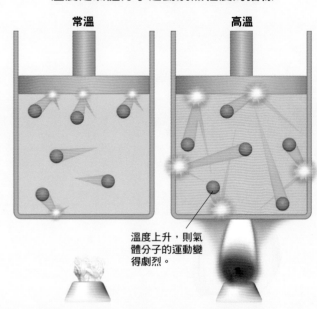

溫度上升，則氣體分子的運動變得劇烈。

氣體的溫度可以說是氣體分子運動的劇烈程度（動能的大小）的平均值。也就是說，氣體的溫度上升，則氣體分子的平均動能會增大。

氣體的行為，除了壓力和體積之外，另外也和「溫度」有很大的關係。溫度上升，則分子的運動能量增加，使得分子的速度加快。

法國物理學家查理（Jacques Alexandre César Charles，1746～1823）觀測並分析定量氣體的溫度和體積的關係，發現在壓力不變的狀態下，若氣體的溫度下降，則體積會減少。根據後來進一步研究的結果，得知溫度每下降1℃，體積會分別減少「0℃時的體積的大約273分之1」。

那麼，如果把氣體不斷地冷卻下去，會發生什麼情況呢？如果這個定律在極低溫也成立的話，那麼在大約負273℃的時候，氣體的體積就會變成0[※1]。這個溫度稱為「絕對零度」。若以這個為基準，則「絕對溫度（K）」就成為「攝氏溫度（℃）＋273.15」[※2]。也就是說，例如20℃就等於絕對溫度293.15K。綜合上述可知，「當壓力維持不變時，袋內氣體的體積與絕對溫度成正比」。這稱為「查理定律」。

綜合這兩個定律，可以導出「在密封的袋子裡，氣體的體積與壓力成反比，與絕對溫度成正比」的「合併氣體定律」。

※1：精確地說，是負273.15℃。此外，實際的物質體積不會成為0，只有理想氣體（忽略不計分子體積及分子間作用力的虛擬氣體）在虛擬狀態下才能使體積成為0。

※2：以現在通用的術語敘述時，絕對溫度應該稱為「熱力學溫度」。

波以耳定律

$PV = $ 一定

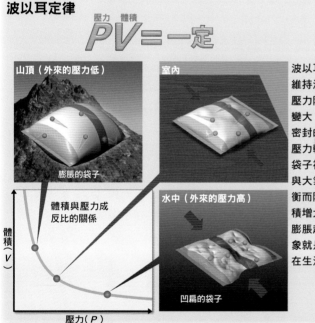

波以耳定律是指，維持溫度不變，若壓力降低，則體積變大。如果拿一個密封的袋子到大氣壓力較低的山頂，袋子裡的壓力為了與大氣壓力保持平衡而降低，使得體積增大，於是袋子膨脹起來。這個現象就是波以耳定律在生活中的例子。

查理定律

$\frac{V}{T} = $ 一定

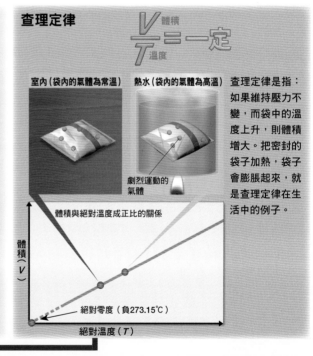

查理定律是指：如果維持壓力不變，而袋中的溫度上升，則體積增大。把密封的袋子加熱，袋子會膨脹起來，就是查理定律在生活中的例子。

合併氣體定律

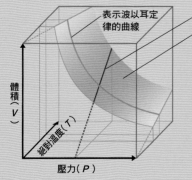

$\frac{PV}{T} = $ 一定

結合波以耳定律和查理定律，可以導出「氣體的體積與壓力成反比，與絕對溫度成正比」的定律，這個規則稱為「合併氣體定律」。

嚴格來說，這些定律都只有在「理想氣體（參照本文註釋）」才能成立，若是實際的氣體，在低溫或高壓下，不會精確地符合正比或反比（偏離左圖曲面的程度會變大）。這是因為在低溫的場合，動能會變小，導致再也無法忽略分子間的作用力。而在高壓的場合，氣體分子之間的距離太近，導致再也無法忽略分子的體積。

●質量守恆定律

「質量守恆定律」是闡述化學反應所伴隨的質量變化定律。「參與反應的物質的總質量和反應結果所產生的產物的總質量一樣。也就是說,化學反應發生前後,物質的總質量不變。」1774年,法國化學家拉瓦節(Antoine-Laurent de Lavoisier,1743～1794)經由實驗證實了這一點。例如,鐵和氧結合產生氧化鐵的反應,參與反應的鐵和氧的全部質量,和反應產生的氧化鐵的全部質量相等。

●定比定律

法國化學家普魯斯特(Joseph Louis Proust,1754～1826)於1799年提出「定比定律」,指出「一種化合物,無論是以什麼方法產生,構成它的各種元素的質量比永遠不會改變」。例如,氧和鎂結合成為氧化鎂,其中的氧和鎂的質量比永遠是2:3。

●倍比定律

1莫耳的一氧化碳(CO)中所含的元素質量為碳12g、氧16g。而1莫耳的二氧化碳(CO_2)中所含的元素的質量為碳12g、氧32g(16×2)。一氧化碳和二氧化碳之中,與12g的碳結合的氧的質量比為簡單的整數比1:2。英國化學家道耳頓(John Dalton,1766～1844,一譯道耳吞)於1803年發現:當2種元素A和B可以構成多種化合物時,在這些化合物中,與一定質量的A元素結合的B元素之質量間,會形成簡單的整數比。這個規則稱為「倍比定律」。

●氣體反應定律

氮(N_2)和氫(H_2)結合成為氨(NH_3)的反應中,氮(N_2)的體積:氫(H_2)的體積:氨(NH_3)的體積＝1:3:2。1808年,法國化學家給呂薩克(Joseph Louis Gay-Lussac,1778～1850)發現「氣體反應定律」,指出在2種以上的氣體的化學反應中,「在壓力和溫度不變的條件下進行化學反應時,參與反應的氣體和反應產生的氣體的體積會成為簡單的整數比」。

●道耳頓分壓定律

在溫度和壓力不變的容器中,假設加入A氣體時的壓力為P_A,加入B氣體時的壓力為P_B。如果把這兩種氣體A和B加入同一個容器內混合,且這兩種氣體不發生化學反應,則混合氣體的總壓力為各氣體成分的壓力(分壓)的總和(混合氣體的總壓力＝P_A+P_B)。這就是道耳頓於1801年發現的「道耳頓分壓定律」。

●亨利定律

氮、氧、甲烷等不易溶於液體的氣體,當溫度維持不變時,同量的液體中溶入之氣體的質量(或物質量)與該氣體的壓力成正比。這是因為壓力越高則進入液體的氣體分子越多的緣故。英國化學家亨利(William Henry,1774～1836)於1803年發現這定律,稱為「亨利定律」。

●凡特荷夫定律

把純水和水溶液用「半透膜」(讓溶液中的成分選擇性地通過的膜。這裡以水分子為例)隔開放置,則純水的水分子會通過半透膜流向水溶液。濃度較低的液體溶劑往濃度較高的液體移動的這種現象稱為「滲透」。在稀薄溶液中,滲透壓、溶液的體積、絕對溫度、溶質的物質量之間,具有「滲透壓×體積＝物質量×氣體常數×絕對溫度」的關係,這個關係後來促成了「合併氣體定律」(詳見第156頁)的發展。這個定律是由荷蘭物理學家凡特荷夫(Jacobus Henricus van 't Hoff,1852～1911)所發現。所謂的滲透壓,是指為了消除水分子移動所造成的純水和水溶液的液面高度差,而施加於水溶液液面的壓力。

●法拉第電解定律

溶於水等液體中時，會分解成為陽離子和陰離子的物質，稱為「電解質」。在這種電解質的溶液中，插入電極，並通入電流，則聚集於陽極的離子和聚集於陰極的離子，會分別與電極進行電子的施與受，並且分別產生新的物質，這個作用稱為「電解」。在電解之際，「在陽極和陰極產生的物質的量與通入的電量（詳見第47頁）成正比」，這稱為「法拉第電解定律」。這個定律是由英國物理學家法拉第（Michael Faraday，1791～1867）於1833年發現。

把電流通入氯化鈉水溶液。氯離子往陽極移動，把電子給予陽極（A-1），產生氯氣（A-2）。鈉離子往陰極移動，但因水分子具有容易發生反應的性質，所以水分子會從陰極取得電子（B-1），分解成為氫氣和氫氧化物離子（B-2）。兩極產生的物質的量，與通入的電量成正比。

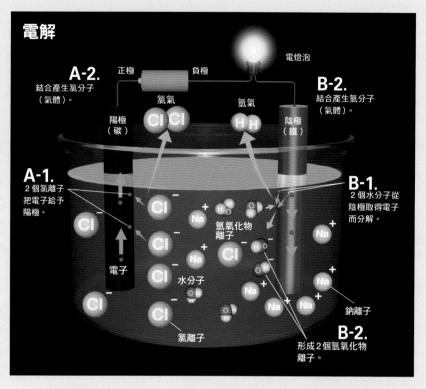

電解

A-2.
結合產生氯分子（氣體）。
正極　負極
氯氣　　氫氣
B-2.
結合產生氫分子（氣體）。

陽極（碳）
Cl Cl　　H H
陰極（鐵）

電燈泡

A-1.
2個氯離子把電子給予陽極。

B-1.
2個水分子從陰極取得電子而分解。

電子

Cl　Cl　Cl　Cl　Na　Na　Na　Na

氫氧化物離子

水分子　　氯離子

B-2.
形成2個氫氧化物離子。

鈉離子

●赫斯定律

1840年，瑞士化學家赫斯（Germain Henri Hess，1802～1850）透過實驗發現了關於「反應熱」（伴隨化學反應而產生或吸收的熱）的「赫斯定律」（總熱量守恆定律）。這個定律是指：「反應熱與反應的途徑無關而保持一定，依反應的開始狀態和結束狀態而定。」例如，假設從相同的物質經由兩個不同的反應途徑製造出相同的產物。途徑1只需1次化學反應就完成，並產生反應熱A。另一條途徑2要經過2個階段的化學反應，各階段產生的反應熱分別為B和C。根據赫斯定律，A＝B＋C。

●化學平衡定律

把氫（H_2）和碘（I_2）放入密閉容器，並使其起反應而產生碘化氫（HI）（$H_2+I_2→2HI$）。在反應過程中，氫的濃度〔H_2〕和碘的濃度〔I_2〕逐漸減少，碘化氫的濃度〔HI〕逐漸增加。$H_2+I_2 \rightleftarrows 2HI$的反應為可逆反應（任一方向都能發生的反應），而且任一方向的反應速度都和物質的濃度成正比。因此，當〔H_2〕和〔I_2〕減少時，往右的反應會變慢；而當〔HI〕增加時，向左的反應會變快。最終，兩個反應的速度達成一致，外觀看起來，反應似乎停止了。這種狀態稱為「化學平衡」的狀態。這個時候，各種物質的濃度之間，具有〔HI〕^{2}／〔H_2〕·〔I_2〕＝定值的關係。這個定值稱為「平衡常數」，各種反應都有其固有的值，只要溫度不變，這個值就不會變。這個定律是由挪威化學家古德博格（Cato Maximilian Guldberg，1836～1902）等人所發現的，稱為「化學平衡定律」（質量作用定律）。

●勒沙特列原理

1884年，法國化學家勒沙特列（Henri Louis Le Châtelier，1850～1936）提出了「可逆反應處於平衡狀態時，如果改變濃度、壓力、溫度等條件，則會朝減少它的影響的方向進行反應，以達成新的平衡狀態」的「勒沙特列原理」。也就是說，例如某個物質的濃度增加，則為了減少它的影響，會朝減少該物質之濃度的方向進行反應，以達成新的平衡狀態。

10

生物的定律

協助　中込彌男

生物的外形、體質和體內的機制也受到定律的支配。子代繼承親代的基因而出生，基因傳承的方式也是依循著從很早以前就已經知道的重要定律。此外，在我們的體內，把來自體外的刺激（資訊）傳送到腦部神經細胞的機制，也是遵循著定律在運作。在第10章，將為你介紹關於我們自己身體的定律。

孟德爾定律 ①～②
哈代、溫伯格定律
全有全無定律

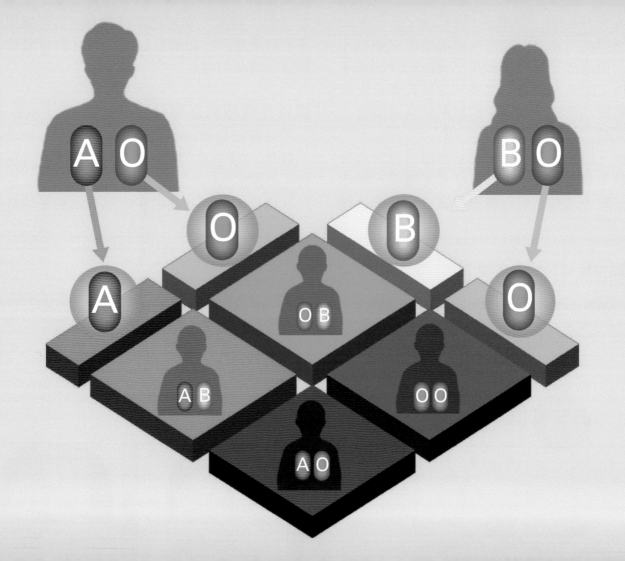

關於從親代傳給子代的「基因」的定律

　　我們的外形以及體質等特徵，會從親代「遺傳」給子代。第一個對這種遺傳的現象做科學驗證的人，是奧地利植物學家孟德爾（Gregor Johann Mendel，1822～1884）。

　　孟德爾利用豌豆的交配來闡明遺傳的機制。首先，他選擇了好幾代都長出表皮光滑的種子（圓形）的純系作為父豌豆、好幾代都長出表皮有皺紋的種子（皺形）的純系作為母豌豆，進行交配。

　　然後，他採取了這些種子以便確認豆子的形狀，結果發現豆莢裡全部都是圓形種子，皺形種子一顆也沒有。既沒有出現皺紋不明顯的種子，也沒有豆莢裡混生著圓形種子和皺形種子的情形。皺形種子好像已經消失不見了。孟德爾接著把所取得的雜種豌豆互相交配，產生第二子代。結果，皺形豌豆「復活」了。圓形種子和皺形種子出現的比例是3：1。為什麼會得到這樣的結果呢？

隱性性狀隱藏在顯性性狀的暗處

　　孟德爾把從親代傳給子代的「某物」稱之為「要素」，現在我們已經知道這個要素就是所謂的「基因」。

　　在這裡，我們把使豆子形狀成為圓形的基因

何謂顯性定律、分離定律？

孟德爾發現，豆子形狀為圓形的純系（基因型AA）和皺形的純系（基因型aa）交配所產生的子代豌豆（基因型Aa），永遠只顯現圓形的性質，不會顯現皺形的性質。這就是「顯性定律」的作用，圓形為顯性性狀，皺形為隱性性狀。

　　從Aa的豌豆產生配偶子（花粉或卵細胞）的時候，A和a會以相同的比例分別放入各個配偶子。這稱為「分離定律」。顯性定律和分離定律發揮作用的結果，父母皆為Aa的親代所產下的子代出現圓形和皺形的比例為3：1。

基因傳給子孫的機制

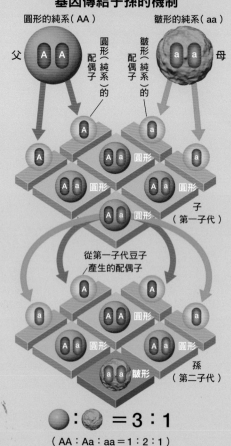

圓形的純系（AA）　皺形的純系（aa）

父　　　圓形（純系）配偶子　　皺形（純系）配偶子　　母

圓形　圓形　圓形

子（第一子代）

從第一子代豆子產生的配偶子

圓形　圓形　皺形

孫（第二子代）

🔴 ： 🟤 ＝ 3：1

（ AA：Aa：aa＝1：2：1 ）

依循顯性定律的人類特徵

下方所示為依循顯性定律的人類的主要特徵。左邊為顯性性狀，右邊為隱性性狀。與這些性狀有關的基因尚未被確認。

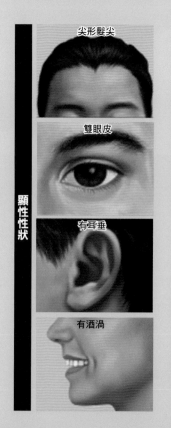

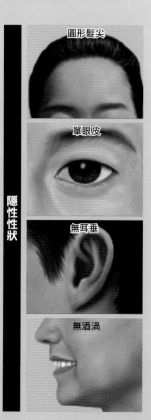

顯性性狀

尖形髮尖
雙眼皮
有耳垂
有酒渦

隱性性狀

圓形髮尖
單眼皮
無耳垂
無酒渦

設為「A」，使豆子形狀成為皺形的基因設為「a」。孟德爾最初栽種的系統為純系，而基因是從雙親分別承接一個，因此我們可以把圓形豆子的基因型設為「AA」（從父輩接受「A」、從母輩接受「A」）。另一方面，皺形豆子的基因型則設為「aa」（從父輩接受「a」、從母輩接受「a」）。

親代把兩個基因之中的任一個放入了配偶子（把自己的基因傳給子孫的細胞，例如花粉或卵細胞）傳給子代。從「AA」產生的配偶子全是「A」，從「aa」產生的配偶子全是「a」，所以把這些系統交配所產生的第一子代豌豆的基因型全部都是「Aa」。

雖然「A」和「a」各有一個，但因為「A」支配著性狀（性質和特徵），把「a」抑制住了，所以全部成為圓形。在此，把圓形稱為「顯性性狀」，把皺形稱為「隱性性狀」。這稱為「顯性定律」（Law of dominance and uniformity）。

接著，我們來看看雜種的第二子代。由於雙親為第一子代，基因型為「Aa」，所以會以相同的比例產生「A」和「a」的配偶子。交配的結果，第二子代的基因型為「AA」：「Aa」：「aa」＝1：2：1。「Aa」和「AA」一樣會成為圓形，所以在外觀上，圓形豆子和皺形豆子的比例為3：1。「A」和「a」這種對立的基因，會以相同的比例分別放入各個配偶子，稱為「分離定律」（Law of segregation）。

基因就是以這樣的方式，各自獨立地傳承。

決定血型的機制
人類擁有 A 基因、B 基因、O 基因這 3 種決定「ABO式血型」的基因。擁有 A 基因的人，紅血球表面會產生「A抗原」；擁有 B 基因的人，紅血球表面會產生「B抗原」；擁有 O 基因的人，則不會產生 A 抗原和 B 抗原。
　因此，基因型為「AO」或「AA」的人，血型為「A」；基因型為「BO」或「BB」的人，血型為「B」；基因型為「AB」的人，血型為「AB」；基因型為「OO」的人，血型為「O」。

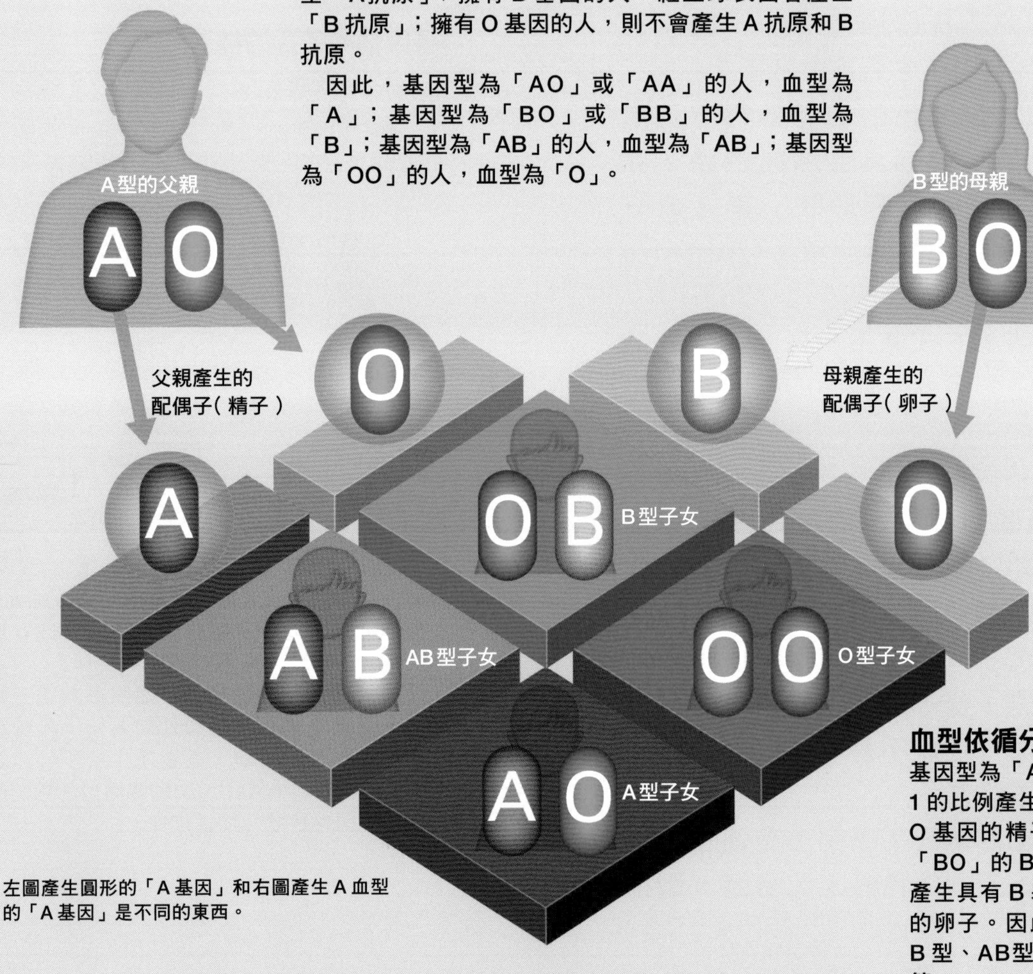

A型的父親

B型的母親

A　O

B　O

父親產生的
配偶子（精子）

母親產生的
配偶子（卵子）

O

B

A

O　B　B型子女

O

A　B　AB型子女

O　O　O型子女

A　O　A型子女

註：左圖產生圓形的「A基因」和右圖產生A血型
　　的「A基因」是不同的東西。

血型依循分離定律
基因型為「AO」的 A 型父親會以 1 比 1 的比例產生具有 A 基因的精子和具有 O 基因的精子。另一方面，基因型為「BO」的 B 型母親會以 1 比 1 的比例產生具有 B 基因的卵子和具有 O 基因的卵子。因此，這對夫婦產下 A 型、B 型、AB 型、O 型的子女的機率都相等。

孟德爾定律的「顯性定律」和「分離定律」說明了親代具有的某種性狀（性質和特徵）如何傳給子代。

那麼，多種性狀要如何遺傳呢？孟德爾進行了豌豆具有的「豆子形狀（圓形、皺形）」和「豆子顏色（黃色、綠色）」這兩種性狀如何傳給子代的實驗。實驗的結果是：豆子形狀會依循顯性定律和分離定律而遺傳，豆子顏色也會依循顯性定律和分離定律而遺傳。這兩種性狀的遺傳方式是各自獨立，互不相干。這稱為孟德爾定律中的「獨立分配律」（Law of independent assortment）。

獨立分配律已被確認，不僅在豌豆上成立，在許多物種上也成立。右頁上方插圖中，顯示了果蠅的「眼睛顏色」和「身體顏色」依循獨立分配律而遺傳的例子。

「獨立分配律」有例外

在孟德爾死後，人們發現獨立分配律不成立的例子。以果蠅的「身體顏色」和「翅膀形狀」這兩種性狀為例吧（右頁下方插圖）！

觀察孫代可知，白體色的個體都具有正常翅膀，而黑體色的個體都具有彎曲翅膀。亦即，「身體顏色」和「翅膀形狀」會合成一組傳承下去，這稱為「遺傳連鎖」（genetic linkage）。

為什麼性狀的傳承方式會不一樣呢？性狀的差異由基因來決定。因此，基因的傳承方式是關鍵所在。

基因位於細胞核內的「染色體」上，1條染色體上有許多個基因。果蠅的子代從父輩和母輩分別接受1組（4條）染色體，因而子代總共具有8條染色體，每2條組成一對，共4對。子代在產生精子或卵子時，從每一對染色體中任意地各挑選1條，將這4條合為一組傳給孫代。也就是說，性狀不是以基因為單位，而是以染色體為單位傳承。

同一條染色體上的基因，原則上會連鎖式地傳下去；相反地，不同染色體上的基因，則是分別獨立傳下去。

何謂獨立分配律？

基因位於染色體上，1條染色體上有許多個基因。如果兩個基因放在不同染色體上，各個基因會互不相干地傳下去，這稱為「獨立分配律」。另一方面，如果兩個基因放在同一條染色體上，兩個基因會成組傳下去，這個特性稱為「遺傳連鎖」。

決定果蠅性狀的基因

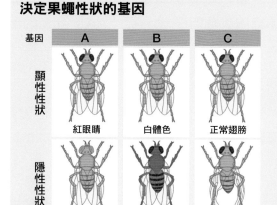

基因傳給子孫的機制

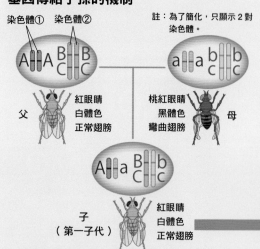

染色體①具有決定眼睛顏色的基因A或a。染色體②具有決定身體顏色的基因B或b以及決定翅膀形狀的基因C或c。

眼睛顏色、身體顏色、翅膀形狀這三種性狀，父輩為代代都是顯性的系統，母輩為代代都是隱性的系統，兩者所生的子代（第一子代）全都具有AaBbCc的基因型。它們的性狀全是顯性性狀（顯性定律）。

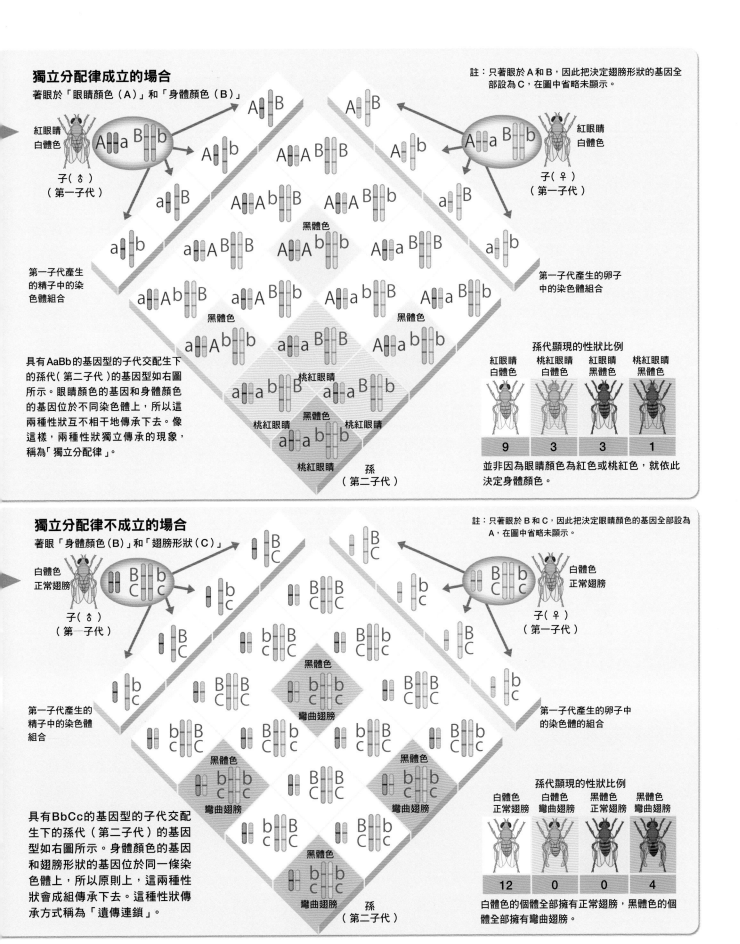

獨立分配律成立的場合

著眼於「眼睛顏色（A）」和「身體顏色（B）」

註：只著眼於 A 和 B，因此把決定翅膀形狀的基因全部設為 C，在圖中省略未顯示。

紅眼睛
白體色

子（♂）
（第一子代）

紅眼睛
白體色

子（♀）
（第一子代）

第一子代產生的精子中的染色體組合

第一子代產生的卵子中的染色體組合

黑體色

黑體色

黑體色

桃紅眼睛

黑體色

桃紅眼睛

桃紅眼睛

桃紅眼睛

孫
（第二子代）

具有AaBb的基因型的子代交配生下的孫代（第二子代）的基因型如右圖所示。眼睛顏色的基因和身體顏色的基因位於不同染色體上，所以這兩種性狀互不相干地傳遞下去。像這樣，兩種性狀獨立傳承的現象，稱為「獨立分配律」。

孫代顯現的性狀比例

紅眼睛 白體色	桃紅眼睛 白體色	紅眼睛 黑體色	桃紅眼睛 黑體色
9	3	3	1

並非因為眼睛顏色為紅色或桃紅色，就依此決定身體顏色。

獨立分配律不成立的場合

著眼「身體顏色（B）」和「翅膀形狀（C）」

註：只著眼於 B 和 C，因此把決定眼睛顏色的基因全部設為 A，在圖中省略未顯示。

白體色
正常翅膀

子（♂）
（第一子代）

白體色
正常翅膀

子（♀）
（第一子代）

第一子代產生的精子中的染色體組合

第一子代產生的卵子中的染色體的組合

黑體色
彎曲翅膀

黑體色

黑體色
彎曲翅膀

黑體色

黑體色
彎曲翅膀

孫
（第二子代）

具有BbCc的基因型的子代交配生下的孫代（第二子代）的基因型如右圖所示。身體顏色的基因和翅膀形狀的基因位於同一條染色體上，所以原則上，這兩種性狀會成組傳承下去。這種性狀傳承方式稱為「遺傳連鎖」。

孫代顯現的性狀比例

白體色 正常翅膀	白體色 彎曲翅膀	黑體色 正常翅膀	黑體色 彎曲翅膀
12	0	0	4

白體色的個體全部擁有正常翅膀，黑體色的個體全部擁有彎曲翅膀。

實際上，精子和卵子產生的時候，成對的染色體之間會發生部分交換。因此，即使兩個基因位於同一條染色體上，也不一定會完全地連鎖，這種情況稱為「不完全連鎖」。一般而言，位於同一條染色體上的兩個基因之間的距離越遠，發生不完全連鎖的機率越高。

在某些條件下，集團內的基因頻率不會改變

假設在某個地區，有一個由相同物種組成的集團。如前頁所介紹的，即使是相同的物種，所具有的等位基因[※]的組合並不一定全部相同。在這個集團當中，各個等位基因所含的比例稱為「基因頻率」。如果在這個集團裡面進行基因交配而產下子孫，將會依生下多少個具有何種等位基因組合的子孫，而導致集團內的等位基因的基因頻率改變。

但是，在滿足（1）集團規模大到某個程度，（2）交配為隨機進行，（3）未發生突變，（4）沒有個體流入或流出，（5）沒有發生自然選擇的作用，這些條件之下，則無論反覆交配了幾個世代，這個集團內的等位基因的基因頻率都不會改變。這個規則稱為「哈代、溫伯格定律」。

這個定律可利用數學方法加以證明。例如，假設有一個具有等位基因 A 和 a 的物種，且集團內的 A 的基因頻率為 p，a 的基因頻率為 q（p＋q＝1）。在這個集團內發生基因交配，則根據（Ap＋aq）^{2}的計算，次世代的等位基因 A 的基因頻率為 p，等位基因 a 的基因頻率為 q，和前一世代相同。實際上，只要前述的（1）到（5）的任一條件不成立，集團內的基因頻率就有可能發生變化。

※：等位基因（allelomorph）又稱對偶基因，是指在一對同源染色體上，占有相同座位的一對基因，它控制一對相對性狀。

集團內的等位基因的比例不會改變

下面的式子乃表示，生長於某個地區的圓葉牽牛花的集團，在進行基因交配之後，次世代的等位基因的基因頻率不會改變。不過，在這裡為了簡明起見，特地挑選了基因型會如實地反映於花色的「不完全顯性」的花。圓葉牽牛花有使花朵呈現紅色的等位基因（A）和使花朵呈現白色的等位基因（a）。這些等位基因的顯隱關係並不完全，因此，具有雙方的基因型（Aa）的個體，會呈現介於紅色與白色之間的粉紅色。

圓葉牽牛花的基因型與花色

基因型 AA　　基因型 Aa　　基因型 aa

某個地區的圓葉牽牛花的基因型組成

基因型 AA　　基因型 AA　　基因型 AA　　基因型 Aa　　基因型 aa

A 的基因頻率：a 的基因頻率＝ 0.7：0.3（A 的基因頻率＋a 的基因頻率＝1）

等位基因 A 的基因頻率 p 為 0.7，等位基因 a 的基因頻率 q 為 0.3，發生交配後的基因頻率會如何變化？

$$(0.7A + 0.3a)^2 = 0.7^2 AA + 2×0.7×0.3 Aa + 0.3^2 aa$$

等位基因出現的頻率（基因頻率）

$$A : a = 2×0.7^2 + 2×0.7×0.3 \ : \ 2×0.3^2 + 2×0.7×0.3$$

$$= 0.7^2 + 0.7×0.3 \ : \ 0.3^2 + 0.7×0.3$$

$$= 0.7(0.7 + 0.3) \ : \ 0.3(0.3 + 0.7)$$

$$= 0.7 \ : \ 0.3$$

神經細胞的反應，不是全有，就是全無

我們從眼睛、耳朵等感覺器官接收到的訊息，會成為一個刺激，透過神經細胞傳送到腦部。神經細胞接收到刺激時會變得興奮，這個興奮狀態從一個神經細胞傳遞給下一個神經細胞，藉此把刺激傳送到腦部。

神經細胞是如何變得興奮的呢？接收到刺激（化學物質）的神經細胞，就會有帶電的離子（鈉離子）流入其內部。而在鈉離子流入的地方，會產生局部的電流。這麼一來，受到這個電荷的變化，排列在神經細胞表面的相鄰的洞（鈉離子通道）就會打開，讓鈉離子從那個地方流入，從而產生電流。如此一再反覆，電刺激便在神經細胞的內部逐一傳送下去。這就是神經細胞處於興奮的狀態。

但是，只要接收的刺激並沒有達到某個強度（閾值），鈉離子就不會流動，神經細胞也就不會變得興奮。相反地，即使刺激的強度大幅超過那個閾值，但神經細胞也不會因為刺激非常強，而變得非常興奮。這個定律稱為「全有全無定律」。

神經細胞的興奮不是全有，就是全無

遍布我們全身的神經細胞，通常是以細胞外側的電位作為基準，內部成為負電位（靜止電位）。但是，如果有鈉離子流入內部，則內部的電位會急速轉為正電位。這種變化的電位稱為「活動電位」。不過，如果刺激（電刺激）的強度沒有達到閾值，則不會產生活動電位，亦即神經細胞不會變得興奮。另一方面，只要是超過閾值，則不管施加的電刺激有多強，活動電位的大小都不會改變，亦即興奮的程度不會改變。這個定律稱為「全有全無定律」。刺激的大小並不是表現於電位的大小，而是表現於興奮的神經細胞的數量及興奮的頻率。

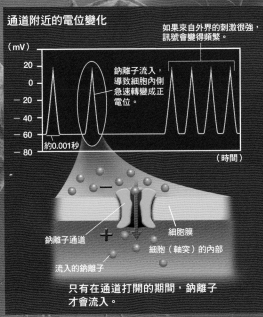

通道附近的電位變化

如果來自外界的刺激很強，訊號會變得頻繁。

（mV）
20
0
−20
−40
−60
−80

鈉離子流入，導致細胞內側急速轉變成正電位。

約0.001秒

（時間）

鈉離子通道
流入的鈉離子
細胞膜
細胞（軸突）的內部

只有在通道打開的期間，鈉離子才會流入。

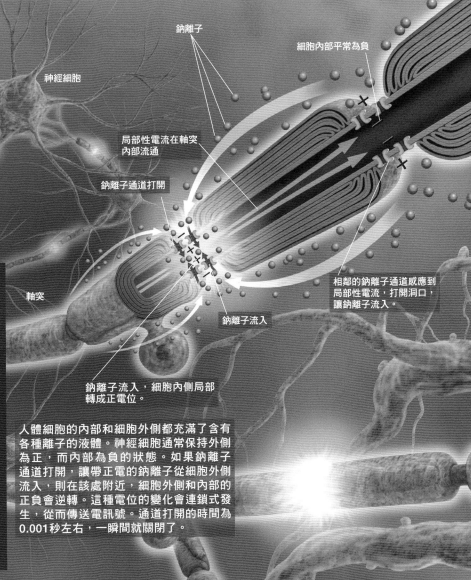

神經細胞

鈉離子

細胞內部平常為負

局部性電流在軸突內部流通

鈉離子通道打開

軸突

鈉離子流入

相鄰的鈉離子通道感應到局部性電流，打開洞口，讓鈉離子流入。

鈉離子流入，細胞內側局部轉成正電位。

人體細胞的內部和細胞外側都充滿了含有各種離子的液體。神經細胞通常保持外側為正，而內部為負的狀態。如果鈉離子通道打開，讓帶正電的鈉離子從細胞外側流入，則在該處附近，細胞外側和內部的正負會逆轉。這種電位的變化會連鎖式發生，從而傳送電訊號。通道打開的時間為0.001秒左右，一瞬間就關閉了。

太陽系是如何形成與演化的呢？
何謂行星？行星以外的天體包括哪些？
太陽系最終將面臨什麼樣的命運呢？

人人伽利略 科學叢書 01

太陽系大圖鑑

徹底解說太陽系的成員以及
從誕生到未來的所有過程！

售價：450元

一提到太陽系，就會想到水星、金星、地球、火星、木星、土星、天王星、海王星此八大行星，以及在2006年被歸入「矮行星」之列的冥王星。然而太陽系並非僅由太陽和行星、矮行星所組成。所謂太陽系係指「太陽以及直接或間接圍繞太陽運動的所有天體」，就連直徑僅數公尺的岩石、歷經數百萬年才會繞行太陽一周的彗星也都包括在太陽系之內。

本書除介紹構成太陽系的成員外，還藉由精美的插畫，從太陽系的誕生一直介紹到末日，可說是市面上解說太陽系最完整的一本書。在本書的最後，還附上與近年來備受矚目之衛星、小行星等相關的報導，以及由太空探測器所拍攝最新天體圖像。我們的太陽系就是這樣的精彩多姿，且讓我們來一探究竟吧！

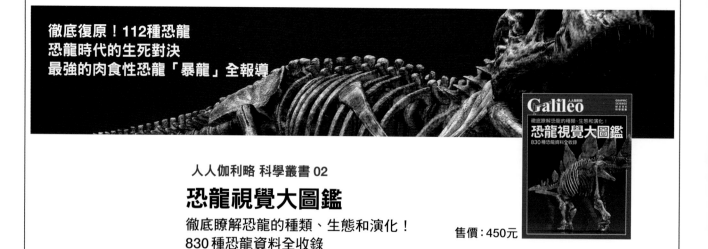

徹底復原！112種恐龍
恐龍時代的生死對決
最強的肉食性恐龍「暴龍」全報導

人人伽利略 科學叢書 02

恐龍視覺大圖鑑

徹底瞭解恐龍的種類、生態和演化！
830種恐龍資料全收錄

售價：450元

在距今約2億3000萬～6550萬年前，地球處於恐龍的時代。位在生態系頂點的恐龍，大約經過1億6000萬年的時間而達到繁衍茂盛。當時，各種恐龍的樣貌為何？又是過著怎樣的一生呢？

本書根據科學性的研究成果，以精美的插圖重現完成多樣演化之恐龍的形貌和生態。另外，像是恐龍對決的場景等當時恐龍的生活狀態，書中也有大篇幅的介紹。

本書中不僅介紹暴龍和蜥腳類恐龍，還有形形色色的恐龍登場亮相。現在就讓我們將時光倒流到恐龍時代，觀看這個遠古世界即將上演的故事吧！

人人伽利略系列好評熱賣中！　日本 Newton Press 授權出版

精美易懂的插圖剖析，鞭辟入裡的介紹說明，
只要本書，絕對能透徹明白全部118種元素
和週期表。隨書附上收錄有新元素「鉨」
的最新週期表海報！

人人伽利略 科學叢書 03

完全圖解元素與週期表
解讀美麗的週期表與全部118種元素！

售價：450元

　　2015年底，元素週期表出現了極大的變化，有四個新的元素加入，化學元素個數增加到118種。新加入的113號元素是日本理化學研究所合成出來的，因此由他們命名為「鉨」（Nh）。

　　所謂元素，就是這個世界所有物質的根本，不管是地球、空氣、人體等等，都是由碳、氧、氮、鐵等許許多多的元素所構成。元素的發現史是人類探究世界根源成分的歷史。彙整了目前發現的118種化學元素而成的「元素週期表」可以說是人類科學知識的集大成。

　　本書利用豐富的插圖以深入淺出的方式詳細介紹元素與週期表，讀者很容易就能明白元素週期表看起來如此複雜的原因，也能清楚理解各種元素的特性和應用。

元素性質是根據什麼決定的呢？
為何會發生化學反應？
瞭解化學反應的機制！

人人伽利略 科學叢書 04

國中・高中化學
讓人愛上化學的視覺讀本

售價：420元

　　流動的水、堅硬的岩石、具有複雜生命活動的我們身體等等，這個世界充滿了各式各樣的物質，而這些物質全由種類不同的「原子」，透過形形色色的組合而成的。

　　「化學」就是研究物質性質、反應的學問。所有的物質、生活中的各種現象都是化學的對象，而我們的生活充滿了化學的成果，了解化學，對於我們所面臨的各種狀況的了解與處理應該都有幫助。

　　本書從了解物質的根源「原子」的本質開始，再詳盡介紹化學的導覽地圖「週期表」、化學鍵結、生活中的化學反應、以碳為主角的有機化學等等。希望對正在學習化學的學生、想要重溫學生生涯的大人們，都能因本書而受益。

人人伽利略系列好評熱賣中！　　日本 Newton Press 授權出版

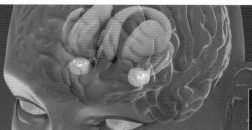

本書從人工智慧的基本機制到最新的應用技術，以及AI普及所帶來令人憂心的問題等，都有廣泛而詳盡的介紹與解說，敬請期待。

人人伽利略 科學叢書 05

全面了解人工智慧

售價：350元

從基本機制到應用例，以及人工智慧的未來

　　在我們的生活中，「人工智慧」（AI）逐漸普及開來。人工智慧最聰明的地方就是能夠使用「深度學習」、「機器學習」這些劃時代的學習方法，從大量的資料中學習到物體的特徵以及概念。AI活躍的場所也及於攸關性命的領域，像是在醫院的輔助診斷、自動駕駛、道路和橋梁等基礎建設之劣化及損傷的檢查等等。

　　人工智慧雖然方便，但是隨著AI的日益普及，安全性和隱私權的問題、人工智慧發展成智力超乎所有人類的「技術奇點」等令人憂心的新課題也漸漸浮上檯面。

　　本書從人工智慧的基本機制到最新的應用技術，以及AI普及所帶來令人憂心的問題等，都有廣泛而詳盡的介紹與解說，敬請期待。

日新月異、突飛猛進的AI，今後會往什麼方向發展呢？讓我們一同來探討AI的未來。

人人伽利略 科學叢書 06

全面了解人工智慧　工作篇

售價：350元

醫療、經營、投資、藝術……，AI在社會上扮演的角色愈來愈多元

　　人工智慧（AI）的活躍情形至今方興未艾。

　　讀者中，可能有人已養成每天與聲音小幫手「智慧音箱」（AI speaker）、「聊天機器人」（ChatBot）等對話的習慣。事實上，目前全世界各大企業正在積極開發的「自動駕駛汽車」也搭載了AI，而在生死交關的醫療現場、災害對策這些領域，AI也摩拳擦掌的準備大展身手。

　　另一方面，我們也可看到AI被積極地引進商業現場。從接待客人及銷售分析，到企業的召募新人、投資等等也開始使用AI。在彰顯人類特質的領域，舉凡繪畫、小說、漫畫、遊戲等藝術和娛樂領域，也可看到AI的身影。

人人伽利略系列好評熱賣中！　　　日本 Newton Press 授權出版

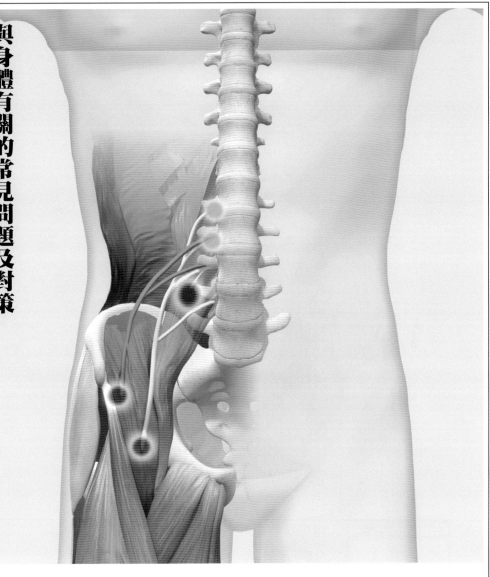

生活中常見的生理現象機制

不要被迷信誤導的科學知識

令人困擾的體質機制以及改善方法

身體內不可思議的感覺機制

與身體有關的常見問題及對策

人人伽利略 科學叢書 07

身體的科學知識 體質篇
與身體有關的常見問題及對策　　　　　　　　　售價：400元

　　究竟您對自己身體的機制了解多少呢？例如為什麼會健忘？或者為什麼會「打哈欠」和「打嗝」。「痣」和「皺紋」又是如何形成的？又為什麼會有「指紋」以及身體會有左右不對稱的現象呢……？當我們懷著孩提時代的好奇心，再重新思考人體的種種，腦海中應該會出現無數的「？」。

　　本書嚴選了生活中與我們身體有關的50個有趣「問題」，並對這些發生機制和對應方法加以解說。只要了解身體的機制和對應方法，相信大家更能與自己的身體好好相處。不只如此，還能擁有許多可與人分享的「小知識」。希望您在享受閱讀本書的同時，也能獲得有關正確的人體知識。

人人伽利略系列好評熱賣中！　　日本 Newton Press 授權出版

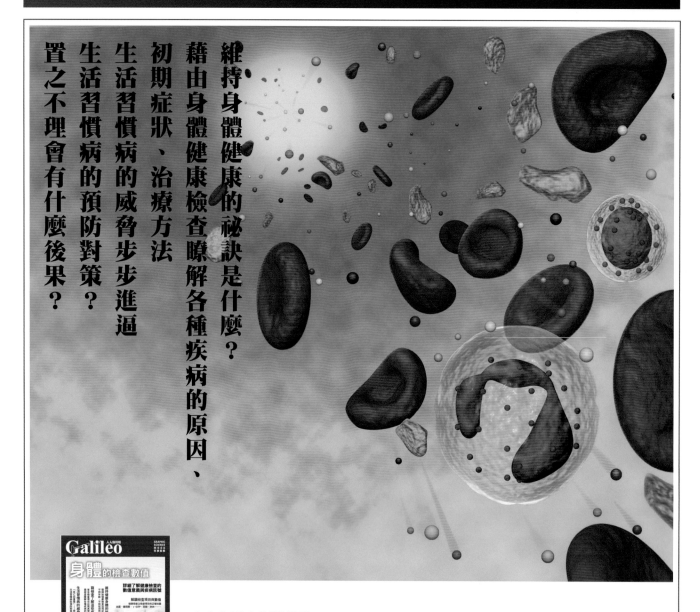

維持身體健康的祕訣是什麼？
藉由身體健康檢查瞭解各種疾病的原因、
初期症狀、治療方法
生活習慣病的威脅步步進逼
生活習慣病的預防對策？
置之不理會有什麼後果？

人人伽利略 科學叢書 08

身體的檢查數值

詳細了解健康檢查的數值意義與疾病訊號　　　　　　　售價：400元

　　健康檢查不僅能夠發現疾病，還是矯正我們生活習慣的契機，是非常重要的檢查。
健康檢查的檢查項目中，有「γ‐GTP」、「膽紅素」等許多我們平常很少聽到的名詞。它們究竟是檢查什麼用的呢？此外，這些檢查數值到底顯示身體處於何種狀態呢？在本書中，將詳細解說檢查項目的意義和數值的解讀，以及

藉由健康檢查所能瞭解的各種疾病。
　　本書除了解讀健康檢查結果、自我核對檢查數值、藉檢查瞭解疾病之外，還將檢查結果報告書中檢查數值出現紅字的項目，羅列醫師的忠告，以及癌症健檢的內容，希望對各位讀者的健康有幫助。敬請期待。

人人伽利略系列10 即將出版！　　　　日本Newton Press授權出版

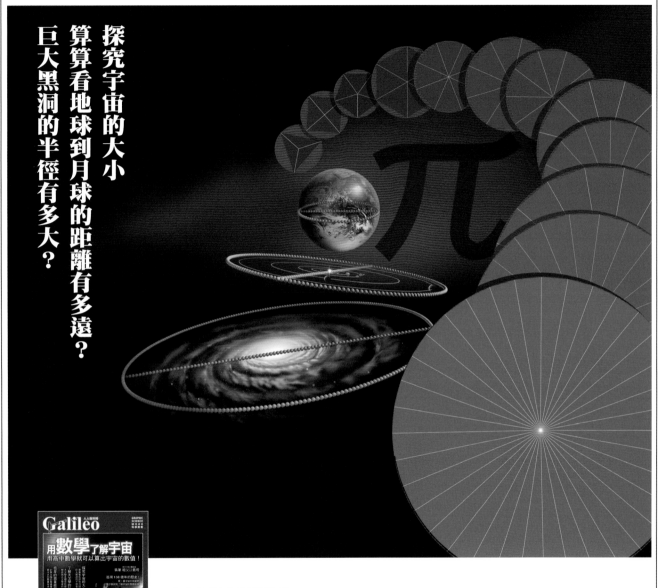

探究宇宙的大小
算算看地球到月球的距離有多遠？
巨大黑洞的半徑有多大？

人人伽利略 科學叢書 10

用數學了解宇宙

用高中數學就可以算出宇宙的數值　　　　售價：350元

　　當我們看到美麗的天文圖片時，都會被宇宙和天體的美麗所感動吧！同時腦海中也不免會浮起：「這個天體距離我們有多遠，體積有多大呢？」、「它的構造為何，怎麼會變成這種形狀呢？」、「它是由什麼物質組成？在什麼時候誕生，又歷經了怎樣的演化呢？」能夠解答這些疑惑的學問，就是天文學。而要回答這些疑問，首先必須掌握距離、大小、質量、年齡，或者能量、速度等「物理量」的數值。

　　本書對各種天文現象就它的物理性質做淺顯易懂的說明。再舉出具體的例子，說明這些現象的物理量要如何測量與計算。計算方法絕大部分只有乘法和除法，偶爾會出現微積分等等。但是，只須大致了解它的涵義即可，儘管繼續往前閱讀下去瞭解天文的奧祕。

日本電車
大集合
1922

廣田尚敬・廣田泉・坂正博
296頁 / 21 x 25.8 cm

650元

1 介紹多達**1922**款日本電車

2 以**區域別,路線別,**
看遍行駛全日本的各式列車

3 **大而精采**的圖片
讓愛火車的你一飽眼福

本書是目前集結數量最多、也最齊全的日本鐵道
車輛圖鑑,從小孩到大人皆可一飽眼福。

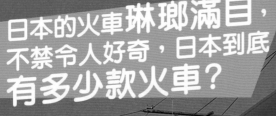

日本的火車**琳瑯滿目**,
不禁令人好奇,日本到底
有多少款火車?

日本鐵道
經典之旅
160選

蘇昭旭
600元

環遊世界
鐵道之旅
新**148**選

蘇昭旭
600元

新幹線
全車種

レイルウエイズグ
ラフィック(RGG)
400元

人 人 出 版

航空的世界充滿奧妙！

飛機為什麼能在天空飛？

這樣與航空科學相關的疑問，

航空公司是如何營運的呢？

由經濟學的層面去解析等，
都是各式各樣航空知識的要素。

航空知識のABC

本書從航空器的科學知識、機種、客機的實際運用、
機場的結構組成，還有飛行於日本的各家航空公司，
進行多方面的解說。

這是一本不論是有志於從事航空相關行業者或是飛機
迷，都能輕鬆被引領進航空世界的一本詳細入門書。

作者：阿施光南・酒井真比古　　　　定價：500 元
內容：180 頁 / 18.2 x 25.7 cm

人人出版

【 人人伽利略系列 09 】

單位與定律
完整探討生活周遭的單位與定律！

作者／日本Newton Press
執行副總編輯／賴貞秀
翻譯／黃經良
校對／邱秋梅
審訂／曹培熙
商標設計／吉松薛爾
發行人／周元白
出版者／人人出版股份有限公司
地址／23145 新北市新店區寶橋路235巷6弄6號7樓
電話／（02）2918-3366（代表號）
傳真／（02）2914-0000
網址／www.jjp.com.tw
郵政劃撥帳號／16402311 人人出版股份有限公司
製版印刷／長城製版印刷股份有限公司
電話／（02）2918-3366（代表號）
經銷商／聯合發行股份有限公司
電話／（02）2917-8022
第一版第一刷／2020年4月
定價／新台幣400元
　　　港幣133元

國家圖書館出版品預行編目(CIP)資料

單位與定律：完整探討生活周遭的單位與定律！/
日本Newton Press作. --
第一版.-- 新北市：人人, 2020.04
面；公分. --（人人伽利略系列；9）
譯自：単位と法則
ISBN 978-986-461-213-0（平裝）
1.度量衡

331.8　　　　　　　　　　　　109004210

単位と法則　新裝版
Copyright ©Newton Press,Inc. All Rights
Reserved.
First original Japanese edition published by
Newton Press,Inc. Japan
Chinese (in traditional characters only)
translation rights arranged with Jen Jen
Publishing Co., Ltd
Chinese translation copyright © 2020 by Jen
Jen Publishing Co., Ltd.
●版權所有‧翻印必究●

Staff

Editorial Management　木村直之

Editorial Staff　　　中村真哉
Writer　　　　　　　山田久美（6～15ページ）

Photograph

5	国立研究開発法人 産業技術総合研究所
7	BIPM/AFP/アフロ, Roger-Viollet/アフロ
8～9	国立研究開発法人 産業技術総合研究所
10	J. Lee/NIST
12	akg-images/アフロ
13	国立研究開発法人 産業技術総合研究所
14	GRANGER.COM/アフロ
15	国立研究開発法人 産業技術総合研究所

Illustration

Cover Design	デザイン室 宮川愛理	82～95	Newton Press	144-145	小林 稔
	（イラスト：Newton Press）	96	小﨑哲太郎	135	Newton Press
2～3	Newton Press	96～105	Newton Press	146-147	Newton Press
17～31	Newton Press	106	小﨑哲太郎	147～148	黒田清桐
32-33	吉原成行	106～119	Newton Press	148～151	Newton Press
34～51	Newton Press	120-121	吉原成行	151	黒田清桐
52	小林 稔	123～127	Newton Press	153～155	浅野 仁
53～57	Newton Press	128	黒田清桐	156～167	Newton Press
59～61	小林 稔	128～141	Newton Press	表4	Newton Press
62～81	Newton Press	142	小﨑哲太郎		
82	小﨑哲太郎	142～143	Newton Press		